Ilona Lindenau

Der Kundenflüsterer

Ilona Lindenau

Der Kundenflüsterer

So begeistern Sie Ihre Kunden

GABAL

Bibliografische Information der Deutschen Nationalbibliothek
Die Deutsche Nationalbibliothek verzeichnet diese Publikation in der Deutschen Nationalbibliografie; detaillierte bibliografische Informationen sind im Internet unter http://dnb.d-nb.de abrufbar.

ISBN 978-3-86936-704-0

Lektorat: Christiane Martin, Köln | www.wortfuchs.de
Umschlaggestaltung: Martin Zech Design, Bremen | www.martinzech.de
Illustrationen: Hans-Jörg Brehm, Darmstadt
Satz und Layout: Lohse Design, Heppenheim | www.lohse-design.de
Druck und Bindung: Salzland Druck, Staßfurt

www.gabal-verlag.de

Inhaltsverzeichnis

Vorwort

Dies ist meine Vision: Wir alle leben in einer Welt voller Kundenflüsterer. Ganz gleich, in welcher Situation unseres Arbeitsalltags wir uns befinden, sind wir umgeben von ihnen – und auch wir selbst verstehen die Kunst dieses besonderen Umgangs mit Kunden.

Was bedeutet das konkret? Jedes meiner Anliegen wird mit Freundlichkeit behandelt, das altbekannte Sprichwort „Der Kunde ist König" ist nicht länger eine Floskel, sondern Wirklichkeit. Wo immer ich auftrete: Man kennt meinen Namen, nimmt sich Zeit für mich und spricht mit mir auf Augenhöhe, nicht wie mit einem „lästigen" Kunden, sondern wie mit jemandem, den man respektiert, wertschätzt und unterstützt.

Stellen Sie sich vor, Sie hätten plötzlich weder Internet- noch Telefonverbindung, weil es ein Problem in der DSL-Leitung gibt. Sie sind vollkommen lahmgelegt. Das ist für die meisten von uns der blanke Horror, und wahrscheinlich kennen Sie dieses Gefühl, weil Sie eine ähnliche Situation schon erlebt haben. Stellen Sie sich jetzt vor, Sie würden mit dem Handy bei Ihrem Anbieter anrufen und hätten direkt eine charmante Person am anderen Ende der Leitung, die sich tatsächlich für Ihr Anliegen interessiert, Ihnen zuhört und individuelle Lösungsvorschläge anbietet. Was wäre, wenn diese Person Sie nach der erfolgreichen Behebung des Problems einige Tage später anrufen würde, um Sie zu fragen, ob alles wieder läuft? Würden Sie sich bei diesem Unternehmen nicht gut aufgehoben fühlen und den temporären technischen Defekt Ihrer DSL-Leitung schnell vergessen?

Ich habe dieses Buch geschrieben, weil die Realität meist anders aussieht. Die charmante Person kommt nämlich nur in meiner Wunschvorstellung vor, denn in Wirklichkeit verbringen Sie zunächst einmal gefühlte zwei Stunden in der Warteschleife und wählen dann im „Gespräch" mit einer Maschine Themenmöglichkeiten aus. Meist „dürfen" Sie mehrere Telefonate mit verschiedenen Mitarbeitern führen und den Anlass Ihres Anrufs immer wieder aufs Neue erklären. Letztendlich sind Sie einfach froh, wenn Ihre Leitung wieder funktioniert, und Sie hoffen, so etwas nie wieder erleben zu müssen.

Am Telefon, ohne die Möglichkeit zum Augenkontakt, ohne zusätzlich mit Gestik und Mimik interagieren zu können, tappen wir besonders leicht in die Anonymitätsfalle. Doch das Kommunikationsproblem beginnt schon viel früher – egal ob im telefonischen oder direkten Kundenkontakt. Es beginnt bei uns selbst und bei unserer Einstellung zu uns und unserer Arbeit. Gehen wir ohne Lust und Leichtigkeit an ein Gespräch heran, sind Misserfolg und Unzufriedenheit bereits vorprogrammiert. Dabei kann es so einfach sein, Kunden auch dann ein wenig glücklicher zu stimmen, wenn es einmal schwierig wird. Genau dies ist der Ansatzpunkt des vorliegenden Buches: Es geht darum, die Leichtigkeit im Umgang mit dem Kunden wiederzufinden – mit dem magischen Kommunikationsmodul des Kundenflüsterns. Zugewandte Aufmerksamkeit und personalisierte Kommunikation, gewürzt mit einfachen, aber außergewöhnlichen Gesten, führen unweigerlich zu erfreulichen Ergebnissen auf beiden Seiten. Nur wer Raum lässt für individuelle Beziehungen, gewinnt dauerhaft zufriedene und treue Kunden.

Doch was ist es, das erfolgreiche Kommunikation so häufig verhindert? Sind es die gesellschaftlich definierten Standards und Leitfäden für Kommunikation, die uns scheinbare Sicherheit und Souveränität ermöglichen und im besten Fall noch Zeit einsparen sollen? Ich wage zu behaupten, dass es genau diese Standards und das daraus entstehende Regelkorsett sind, die uns von dem wegbringen, was einen wahren Kundenflüsterer ausmacht – und damit weg von einer guten Beziehung auf Augenhöhe. Nur wer sein Gegenüber als Mensch mit eigenen Bedürfnissen und Sorgen betrachtet und dessen Kümmernisse und Bedenken aufnimmt oder gar ausräumt, wird dauerhaft Erfolg haben.

„Der Kundenflüsterer" ist ein Leitfaden für „Verkäufer". Das Wort „Verkäufer" steht deshalb in Anführungszeichen, weil wir, um zu verkaufen, nicht unbedingt im Sales-Bereich arbeiten müssen. Wir alle sind Verkäufer in unseren jeweiligen Unternehmen: Führungskräfte, Berater, Marketingmitarbeiter, Servicepersonal, Anwälte, Ärzte, Callcenter-Beschäftigte und vieles mehr. Wir verkaufen täglich uns selbst, unsere Ideen, Philosophien, Produkte und letztlich auch das Unternehmen, das wir repräsentieren.

Sie suchen eine neue Sichtweise auf Verkaufsgespräche, Kundenbetreuung und -loyalität? Dann sind Sie hier genau richtig. Mit dem „Kundenflüsterer" möchte ich Ihnen einen Weg zeigen, der zwischen den beiden Verkaufsalternativen „Hard Selling" und „Soft Selling" liegt. Er ist meiner Meinung nach der Königsweg, weil er auf Zufriedenheit, Freundlichkeit und Aufmerksamkeit basiert – auf Qualitäten, die sich wie ein Lauffeuer übertragen und verbreiten. Kundenflüstern, das heißt Dialog statt Monolog. Es lebt vom ehrlichen Umwerben und Verführen und gibt unserem Gegenüber die Zugewandtheit, die uns selbst glücklich macht, wenn wir sie erfahren. Als Kundenflüsterer zeigen Sie echtes Interesse am Anliegen Ihrer Kunden und sprechen im besten Fall dieselbe Sprache.

Ich möchte Sie in diesem Buch in das Reich des Flüsterns mitnehmen, Ihnen Anregungen und Tipps geben. Ich zeige Ihnen, wie leicht es sein kann, motivierend zu kommunizieren und dabei alle Beteiligten glücklich und zufrieden zu stimmen.

Warum es sich lohnt, ein Kundenflüsterer zu werden? Hier ein paar wichtige Gründe:

- Die Zufriedenheit an Ihrer Arbeit steigt.
- Sie werden mit mehr Leichtigkeit durch den Berufsalltag gehen.
- Ihre Kunden werden sich von Ihnen besser verstanden fühlen und Ihnen vertrauen.
- Sie kommunizieren effizienter und nachhaltiger und freuen sich über treue und zufriedene Kunden.
- Am Ende sparen Sie jede Menge Zeit.

- Und wenn es trotzdem einmal schwierig wird, bleiben Sie länger ruhig und gelassen, weil Sie besser mit Konflikten umgehen können – ein Erfolg in jeder Beziehung, für Sie, für Ihre Kunden und für Ihr Unternehmen.

Der Weg zum erfolgreichen Flüsterer ist kein Hexenwerk. Wir werden ihn in den nächsten Kapiteln gemeinsam Schritt für Schritt gehen. Zahlreiche Beispiele aus meiner langjährigen Praxiserfahrung, Flüstertipps und -tricks werden Sie auf dem Pfad zum Kundenflüsterer begleiten.

Ilona Lindenau

PS: Eine „geflüsterte" elegante und flüssig lesbare sprachliche Ausdrucksform für eine ausgewogene Berücksichtigung des Gender-Mainstreaming habe ich noch nicht gefunden. Dieses Buch richtet sich gleichermaßen an Männer und Frauen – doch der Klarheit und Einfachheit halber habe ich mich für die einheitliche Verwendung der maskulinen Form entschieden.

1. Die Lust auf Leichtigkeit: Es kann so einfach sein, sich zu verstehen

Wann sind Sie zuletzt beschwingt und unbeschwert aus einem Verkaufsgespräch, einer Präsentation oder einem wichtigen Meeting herausgegangen? Ist das schon eine Weile her? Keine Sorge! Damit stehen Sie nicht allein da. Viele Menschen neigen dazu, sich in der täglichen Kommunikation das Leben mit einer negativen Haltung zu erschweren. Hinzu kommt die permanente Kommunikationsflut durch SMS, E-Mails und über die Social-Media-Kanäle, der wir täglich ausgesetzt sind. All das schafft nicht gerade Unbeschwertheit. Im Gegenteil: Wir assoziieren Kommunikation gern mit Stress und verlieren die Freude an echten Dialogen und direkten Kontakten. Lust und Leichtigkeit bleiben auf der Strecke. Somit sind auch bei unseren Kunden Frust und Unzufriedenheit vorprogrammiert.

Um die Leichtigkeit ins Gespräch zurückzuholen, müssen wir eine neue Perspektive auf unsere Kommunikation entwickeln. Besser gesagt: Wir müssen zu unserer angeborenen Fähigkeit des „Flüsterns“ zurückkehren. Überrascht es Sie, dass das Kundenflüstern eigentlich angeboren ist? Erinnern Sie sich einmal an Ihre Kindheit! Im Grunde beherrschen wir nämlich bereits von Kindesbeinen an, was wir für eine effektive, erfolgreiche und professionelle Kommunikation benötigen. In einen offenen Dialog mit anderen zu treten, liegt in unserer Natur. Wir haben viele Fertigkeiten im Laufe unseres „Erwachsenwerdens“ mit Theorien, Daten und Fakten zugeschüttet. Wir haben uns in ein Regelkorsett pressen lassen, das uns gar nicht passt, und dabei unsere emotionale Intelligenz auf Eis gelegt.

Da wir aber unser Gegenüber nicht auf Knopfdruck verändern können, fangen wir damit am besten bei uns selbst an. Wenn wir uns klarmachen, dass eine verneinende Haltung jeder guten und effizienten Zusammenarbeit im Wege steht, wird schnell deutlich, dass es förderlich ist, zunächst unsere eigene Einstellung zu ändern.

Motivierende Kommunikation macht's

Ab sofort sagen wir dem Kommunikationsfrust den Kampf an. Wie? Indem wir uns an Offenheit und Neugier zurückerinnern. Eine Technik, die übrigens auch Schauspieler nutzen, um sich in die richtige Stimmung zu versetzen. Sie fühlen das, was sie spielen, und leben ihre Rolle. Nur dadurch werden sie glaubwürdig in dem, was sie verkörpern. Kundenflüstern und motivierende Kommunikation bedeuten zwar nicht, eine Rolle zu spielen, doch es kann sicher nicht schaden, sich in eine positive Gefühlswelt zu versetzen, um offen und unbefangen an Gespräche heranzugehen – das nenne ich wahre Selbstmotivation für mehr Lust und Leichtigkeit in der Kommunikation.

Erinnern Sie sich einmal an eine Situation, in der Sie besonders motiviert waren. Wann war es Ihnen wirklich wichtig, dass Ihre Botschaften ankommen? Ich bin sicher, das waren Momente, bei denen Gefühle im Spiel waren – echte Emotionen. Wie war das zum Beispiel, als Sie die Einladung zum Vorstellungsgespräch für Ihren aktuellen Job bekommen haben? Sagten Sie sich damals „Die brauchen mich gar nicht, ich kann sowieso nichts zum Erfolg des Unternehmens beitragen"? Nein, bestimmt waren Sie hoch motiviert, diese Chance zu nutzen und im Gespräch deutlich zu machen, wie gut dieser Job zu Ihnen passt. Ganz klar: Sie waren perfekt, um das Weiterkommen genau dieses Unternehmens zu gewährleisten. Anders hätten Sie den Arbeitsplatz sicher nicht bekommen.

Und wie war das damals, als Sie zum ersten Mal verliebt waren? Dieser Moment, in dem alle Standards und Regeln plötzlich keine Rolle mehr spielten? Nichts und niemand sollte zwischen Sie und den Partner treten können, schon gar keine unpassenden Worte. In Ihrem Bauch flatterten Schmetterlinge, Sie tanzten im Regen, falls die Sonne einmal nicht schien, und Sie verfügten über eine schier unendliche Energie, als ob Sie es mit der ganzen Welt aufnehmen könnten. Ihr Glückshormoncocktail schmeckte selten so gut wie damals.

Ich verspreche Ihnen: Ähnliches können Sie auch in der professionellen Kommunikation erleben, wenn Sie die Motivation aus solchen Situationen mit in Ihre Gespräche nehmen. Es gibt gute Gründe, warum so viele Firmen ihre Produkte mithilfe von Emotionen verkaufen. Eigentlich verkaufen sie sogar die Gefühle selbst. In Zeiten, in denen Produkte und Unternehmen auf vielen Ebenen konkurrieren, sind es die Emotionen, die den Unterschied machen. Warum sollte ich mir einen Anzug von Hugo Boss oder ein Kostüm von Jil Sander für sehr viel Geld kaufen, wenn ich beinahe dieselben Outfits für kleines Geld bei H&M erwerben kann? Mit Logik hat das nichts zu tun. Es geht um Emotionen. Ich selbst und viele andere glauben, dass Hugo Boss und Jil Sander Synonyme für Eleganz und deutsche Qualitätsarbeit sind – und so fühlt man sich beim Tragen dieser Kleidung auch besonders. Mit H&M assoziieren wir hingegen eher modische Kopien und Massenware. Das Gefühl dabei? Kein besonderes. Werbe-Spots bedienen sich deshalb gern emotionaler Melodien und einer besonderen Atmosphäre, um uns Zuschauer innerhalb weniger Sekunden in eine Welt zu katapultieren, in der wir uns selbst gern sehen. Was davon unterm Strich nach dem Kauf übrig bleibt, steht oft auf einem anderen Blatt.

Entscheidend bei der Kunst des Kundenflüsterns ist es, dass die Emotionen, die Sie vermitteln, nicht aufgesetzt sind, sondern Ihrer authentischen Begeisterung für sich selbst, das Produkt, die Dienstleistung, das Unternehmen und besonders für die (potenziellen) Kunden Ausdruck verleiht. Motivieren Sie sich selbst, indem Sie sich durch Erinnern in Hochstimmung versetzen. Machen Sie sich klar, wie Sie durch Ihr Produkt und Ihr Unternehmen den Kunden unterstützen können. Fühlen Sie situationsgebunden die Bedürfnisse Ihres Kunden und befriedigen Sie diese mit echten Emotionen, ohne sich plumper Tricks zu bedienen. Zuhören und sich einfühlen lautet die Devise, bevor Sie selbst in die aktive Kommunikation gehen.

Erinnern Sie sich an Zeiten, in denen Sie noch nicht in Routinen feststeckten und unbeschwert kommunizierten. Steigen Sie bereits morgens nach dem Aufstehen aus dem Hamsterrad aus. Noch besser: Steigen Sie gar nicht erst ein! Hören Sie auf zu rennen und befreien Sie sich von Quotendruck, Umsatzzielen und ihren eigenen hohen Ansprüchen. Es geht nicht um Leistung, sondern um Dienstleistung. Der Erfolg stellt sich dann ein, wenn der Dienst am Kunden gleichzeitig der Dienst an sich selbst und am Unternehmen ist.

FLÜSTER TIPP!

Offenheit + Freundlichkeit + Zuwendung = eine wahr gewordene Welt von Flüsterern

Drei wichtige Eigenschaften eines Kundenflüsterers sind: Offenheit für die Situation des anderen, Freundlichkeit als Wertschätzung und aufmerksame Zuwendung für das Gegenüber. Eine simple Rechnung, die aufgeht. Bevor Sie in einen persönlichen Dialog mit anderen Menschen gehen, überlegen Sie sich, was Sie selbst anstelle Ihres Gegenübers glücklich machen könnte. Fragen Sie sich: „Was wünsche ich mir von einem Verkäufer, Kundenbetreuer, Callcenter-Mitarbeiter, Chef, Kollegen oder Team?“ Ihre Antwort darauf wird nicht sehr von dem abweichen, was Ihr Gegenüber empfindet. Wünschen wir uns nicht alle persönliche Kommunikation? Keiner möchte nach Schema F behandelt werden. Ein Kunde sagte vor Kurzem zu mir: „Frau Lindenau, Sie bringen immer so viel gute Laune und Energie mit, wenn Sie zu uns in die Firma kommen. Damit stecken Sie uns alle an und die Meetings laufen gleich viel besser!“ Ein schöneres Kompliment hätte ich gar nicht bekommen können. Der Kunde sagte mir damit gleichzeitig, dass meine Ideen und Botschaften bei den Adressaten ankommen. Man hört mir zu, vertraut mir und meiner Kompetenz. Woran liegt das? Im ersten Schritt auf jeden Fall an meiner Motivation in Sachen Kommunikation und Kundengespräch.

In diesen Zusammenhang passt folgendes Beispiel, das mir eine Teilnehmerin eines meiner Trainings erzählte: „Wenn ich zum fünften Mal meinem Ansprechpartner bei der Bank erklären muss, dass ich seit zehn Jahren eine kostenlose Kreditkarte bei seinem Unternehmen besitze und er mir aufgrund einer Prozessautomatisierung jedes Jahr wieder 60 Euro Gebühren abbucht, dann könnte ich ausflippen. Ich habe keine Lust mehr, mir immer Entschuldigungen anzuhören. Nach mehreren Kontaktversuchen via E-Mail und Telefon läuft es meist darauf hinaus, dass ich zwar die 60 Euro erstattet bekomme, dafür aber einen persönlichen Termin in der Filiale wahrnehmen muss, bei dem mir mein Berater immer wieder eine neue Altersvorsorge andrehen möchte."

Dieser Kundenberater kämpft wahrscheinlich mit neu eingeführten Prozessen und arbeitet im persönlichen Gespräch sein vordefiniertes Prozedere ab. Eine solche oder eine ähnliche Situation haben Sie sicherlich auch schon erlebt. Entweder waren Sie der verärgerte Kunde, oder Sie mussten sich als Servicemitarbeiter an die Regeln des Unternehmens halten, die keine Abweichungen zugunsten der Kunden zulassen. Zugegeben: Die festen Regeln eines Unternehmens können Sie als Mitarbeiter oft nur schwer und langsam verändern. Was Sie aber ad hoc tun können, ist, den Kunden in seiner Situation abzuholen, anstatt ihn mit Standards und Prozessen „im Regen" stehen zu lassen.

Die Fakten können Sie nicht ändern. Überlegen Sie sich also, wie Sie den Kunden mit einem guten Gefühl aus einem Gespräch entlassen. Was würden Sie sich selbst wünschen? Lesen Sie bitte die folgenden Sätze durch und beobachten Sie, wie Sie sich dabei fühlen:

„Da kann ich heute leider nichts für Sie tun. Aber Sie bekommen so bald wie möglich einen Gesprächstermin in der Filiale, bei dem wir dann eine Lösung finden können. In den nächsten Tagen meldet sich mein Kollege mit Terminvorschlägen, intern kann ich Sie leider nicht weiterverbinden."

„Es tut mir leid, dass dieser Fehler schon wieder aufgetreten ist. Ich werde der Sache einmal genauer auf den Grund gehen. Wahrscheinlich kann ich den Prozess der Gebührenabbuchung nicht aufhalten, aber ich bemühe mich, Ihnen das Geld in Zukunft am Tag der Abbuchung direkt zurückzuüberweisen. Sie brauchen sich um nichts weiter zu kümmern. Wenn trotzdem weiterer Gesprächsbedarf besteht, sagen Sie Bescheid. Dann machen wir zügig einen Termin in der Filiale aus.“

Bei welcher Aussage haben Sie sich besser gefühlt? Welche Antwort würde Sie besänftigen? Antwort 1 ist völlig unbefriedigend. Antwort 2 bietet zumindest eine Lösungsoption. Der Berater hat Ihnen ein Angebot gemacht, das im Rahmen seiner Möglichkeiten liegt und Ihnen keinen weiteren Ärger bereitet.

> Nutzen Sie Spielräume, die Sie haben, und schaffen Sie innerhalb von Prozessen Raum für Individualisierung. Auch wenn sich der zwanzigste Kunde beschwert, bleiben Sie offen für das jeweilige Anliegen, freundlich im Umgang, und lassen Sie Platz für persönliche Zuwendung. Ihre Kunden werden es Ihnen durch langfristige Treue danken.
>
> **FLÜSTER TIPP!**

Der Kopf denkt, das Herz lenkt

Was auch immer Sie verkaufen oder wie auch immer Sie anderen Menschen ein Produkt oder eine Dienstleistung schmackhaft machen möchten: Vergessen Sie niemals Ihr Herz! Sie haben den Kopf, um Gedanken zu formen, und ein Herz, um Ihre Gedanken individuell zu lenken. Lassen Sie beides in jegliche Art der Kommunikation einfließen – nicht manchmal, sondern immer in jede E-Mail, in jedes Telefonat und in jedes persönliche Gespräch. Das ist für funktionierende Geschäftsbeziehungen von essenzieller Bedeutung. Sie mögen überarbeitet oder ausgepowert sein – trotzdem sollten Sie mit Fingerspitzengefühl und Achtsamkeit an Gespräche herangehen.

Ein Beispiel: Sie haben eine wunderbare Idee, wie sich die regelmäßigen Teammeetings in der Firma kürzer und effektiver gestalten lassen. Jedes Teammitglied müsste dafür im Vorfeld der Meetings etwa 15 Minuten investieren. Im Gegenzug würden auf lange Sicht alle Treffen maximal eine Stunde dauern – ein echter Zeitgewinn. Eines jener besagten Meetings nutzen Sie, um Ihre Idee in großer Runde zu präsentieren und zur Diskussion zu stellen. Sie kommen aber erst am Ende des Treffens zu Wort. Alle Anwesenden sind müde und ausgelaugt und sitzen gedanklich bereits wieder hinter ihrem Schreibtisch oder in der Kantine. Ihnen geht es genauso. Sie stellen sich schon im Vorfeld gedanklich darauf ein, dass Ihnen so kurz vor der Mittagspause sowieso keiner mehr zuhört. Mit diesem Gedanken im Kopf verteilen Sie Infozettel und beginnen mit Ihrem Vortrag.

Was passiert? Natürlich: Es hört Ihnen wirklich keiner zu, Sie fühlen Ihre Befürchtungen bestätigt. Die Lust ist Ihnen vergangen, und Sie tragen Ihre Idee zügig vor. Das Ergebnis: Ihre vorbereiteten Infozettel landen im Müll, die Diskussion darüber wird vertagt und kommt aus Zeitmangel nie wieder zur Sprache. Sie selbst bleiben frustriert zurück.

Alternativ könnte es folgendermaßen ablaufen: Schon im Vorfeld freuen Sie sich im Geiste darauf, dass Sie Ihre tolle Idee präsentieren dürfen. Sie sagen sich: „Super, dass ich zum Schluss dran bin, dann können wir in der Mittagspause gleich noch ein wenig darüber sprechen!“ Sie sprühen vor Begeisterung, und Ihre Kollegen spüren diesen Enthusiasmus. Zu jedem Infopapier legen Sie den Lieblingsschokoriegel des jeweiligen Kollegen dazu mit den Worten: „Ein bisschen Nervennahrung, weil's heute etwas länger dauert, bis ihr in die Mittagspause kommt …“ Damit haben Sie die Aufmerksamkeit sicher. Sprechen Sie die üblichen Skeptiker im Meeting einzeln an und erzählen Sie ihnen, was sie ganz persönlich davon haben, wenn Ihre Idee umgesetzt wird – Ihr Vorschlag wird in den Köpfen des Teams bleiben.

All das bedarf natürlich – zusätzlich zur fachlichen Vorbereitung – eines guten Einfühlungsvermögens und gewisser Insiderinformationen. Kennen Sie die Lieblingsschokolade Ihrer Kollegen oder wissen Sie, wer seinen Kaffee wie trinkt? Ist Ihnen bereits bekannt, dass der Kollege aus dem Marketing eine Nussallergie hat? Für diese persönlichen Informationen bleibt in unserem Alltag oft nicht genug Zeit. Dabei sind es genau diese „Kleinigkeiten", die das Miteinander weniger anonym und viel freundlicher machen, ob es sich nun um Kollegen oder um Kunden handelt. Wenn Sie zum Beispiel wissen, dass Kunde X gern Earl Grey trinkt, freut er sich sicherlich, wenn er beim nächsten Treffen mit genau diesem Tee empfangen wird. Sie haben diese Sorte aber nicht im Standardsortiment der Firma? Dann sorgen Sie dafür, dass er darin Einzug hält. Oder lagern Sie in einer Schreibtischschublade ein paar Beutel ein. Das geht mit wenig Aufwand, schafft schon von vornherein eine angenehme Stimmung und zeigt, dass Sie Lust auf das Gespräch und auch auf Ihren Job haben. So einfach ist das? Ja! So einfach kann es sein.

Übertragen Sie das einmal direkt auf eine weitere Arbeitssituation: Ihre Firma hat zum Beispiel gerade einen bisher geltenden Firmentarif abgeschafft, und Sie sollen Ihre Kunden nun davon überzeugen, den Vertrag, der schon seit vielen Jahren besteht und mit dem sie sehr zufrieden sind, in einen neuen Vertrag umzuwandeln. Ihre Firma möchte unbedingt die alten Verträge loswerden und motiviert Sie mit einer Bonuszahlung, legt aber gleichzeitig Quoten fest, die bis zum Monatsende erreicht werden müssen. Wie überzeugen Sie nun einen Kunden, der mit dem, was er hat, sehr zufrieden ist, davon, dass er etwas anderes braucht – ohne ihn anzulügen? Von Ihrem Unternehmen haben Sie einen wunderbaren Gesprächsleitfaden erhalten, der Ihnen die Kundenkommunikation erleichtert. Trotzdem fehlen Ihnen die triftigen Argumente. Die klaren Vorteile für den Kunden sind nicht offensichtlich. Was nützt Ihnen also dieser Leitfaden? Nichts. Im Gegenteil. Die meisten Menschen bemerken recht schnell, selbst am Telefon, wenn wir uns an Standardlisten festhalten. Also müssen Sie flexibel agieren und dabei immer die Bedürfnisse des Kunden im Auge behalten, um nicht auf Granit zu beißen.

Beginnen Sie das Gespräch doch mit einer Frage. Finden Sie heraus, was beim bestehenden Vertrag von Kundenseite aus verbesserungswürdig ist. Hören Sie erst einmal zu, was Ihr Kunde zu sagen hat, bevor Sie mit der Tür ins Haus fallen und neue Produkte anpreisen. Vielleicht fragt er Sie ja dann sogar, was Sie Neues anzubieten haben. Dann können Sie Ihr Produkt viel besser in einer offenen Atmosphäre vorstellen.

Um in Verkaufsgesprächen flexibel agieren zu können, ist es wichtig, dass jeder Mitarbeiter die Produkte und die Dienstleistungen seiner Firma gut kennt. Ein Infoblatt als Rückhalt ist deshalb sicher förderlich. Doch einen gelingenden Dialog zu führen, erfordert mehr, als den vorgegebenen Standardfragenkatalog abzuarbeiten. Erfolgreiche Flüsterer beherzigen in ihren Verkaufsgesprächen die Kunst des Loslassens. Erwartungsdruck und der Zwang, hohe Verkaufszahlen erzielen zu müssen, wirken häufig kontraproduktiv und verhindern eine gewinnende Kommunikation. Der Kunde fühlt sich ebenfalls unter Druck und spürt, dass der Verkäufer etwas von ihm erwartet – nämlich er möge jetzt sofort sein Portemonnaie zücken und zum Käufer werden. Die Kunst des Flüsterns heißt paradoxerweise „absichtsloses Verkaufen" – nur der Kunde, der mit Respekt behandelt wird und sich frei fühlt, wird auch in Zukunft noch gern ein Kunde bleiben. Umgekehrt ist es für Unternehmen wichtig, ihre Verkaufsmitarbeiter so zu fördern, dass sie ihre Persönlichkeit und ihre Fähigkeiten entfalten können – denn es sind motivierte Verkäufer, die der Schlüssel zum Erfolg des Unternehmens sind.

Würden Sie einem Berater vertrauen, der gar keine Lust auf seinen Job hat und dem Sie das in jedem Satz anmerken? Bestimmt nicht! Ich selbst möchte auf keinen Fall, dass der Verlauf eines Telefonats oder eines persönlichen Gesprächs mit mir bereits im Vorfeld standardisiert und klar definiert ist. Ich möchte, dass man auf mich als Kunden individuell eingeht, mich als Menschen wahrnimmt und nicht als Anruf Nummer 23. Ich möchte die Lust meines Gegenübers auf unser Gespräch spüren und umworben werden.

Achten Sie also darauf, dass Sie Kundengespräche sowie Sitzungen mit dem Team in Gelassenheit und mit Fokussierung auf die jeweiligen Gesprächspartner führen. Betrachten Sie das Verkaufsziel langfristig und achten Sie immer darauf, dass Sie begeistern und nicht überreden. Zeigen Sie Leidenschaft für Ihr Produkt und Ihren Beruf. Sie überzeugen immer dann, wenn Sie individuelle Wünsche kennen, und die können Sie nur herausfinden, wenn Sie anderen Menschen zuhören und das Gespräch selbst gestalten, anstatt abzulesen und abzuhaken. Lassen Sie sich auf die Thematik Ihres Gegenübers ein, um genau diesen Menschen zu verstehen, und haben Sie ein offenes Ohr für seine Belange.

Schaffen Sie Standardfloskeln und Prozesse ab, wo immer Sie das selbst beeinflussen können. Kommunizieren Sie stattdessen individuell, persönlich und leidenschaftlich. Wichtig: Wenn Sie eine klare Absage erhalten, dann akzeptieren Sie solche Kundenentscheide und begegnen Sie diesen mit Respekt und Freundlichkeit. Achten Sie jede Entscheidung Ihrer Kunden und stellen Sie den Menschen über die Verkaufsquote.

FLÜSTER TIPP!

Hard Selling oder Soft Selling? Ich wähle F.L.I.R.T.-Selling

Sie kennen bestimmt zahlreiche Ratgeber, Seminare oder Webinare zum Thema Verkaufen. Alle sind vollgepackt mit Tipps und Tricks von erfolgreichen Hard-Selling-Päpsten und Soft-Selling-Gurus, die aus dem Nähkästchen plaudern und ihre eigene Strategie aufzeigen, wie das mit dem Verkaufen am besten klappt. Zum Verständnis möchte ich gern kurz auf die Begriffe eingehen. Unter Hard Selling versteht man, laut Gabler Wirtschaftslexikon, „die Form des persönlichen Verkaufens mit dem Ziel, potenzielle Kunden rasch zum Kauf zu bewegen, ohne weiter auf die Interessen des Kunden einzugehen. Soft Selling wird dort folgendermaßen definiert: „(auch ‚Customer-oriented-Selling') Form des persönlichen Verkaufs, bei der versucht wird, die für den Kunden optimale Problemlösung zu finden."

Beide Methoden haben ihre Vor- und Nachteile. Man wirft Vertretern des Hard Sellings oft vor, sie seien der Grund für das schlechte Image von Verkäufern, da der Kunde nach dem Abschluss fast zwangsläufig auf der Strecke bleibt. Anhänger des Soft Sellings stehen in dem Ruf, buchstäblich zu „weich" zu sein und damit dem Verkaufsziel im Wege zu stehen. Ich halte beide Ansätze für reduziert – dessen ungeachtet gibt es richtig gute Experten, sowohl im Hard-Selling- als auch im Soft-Selling-Bereich, so zum Beispiel Martin Limbeck, der den Hard-Selling-Experten und das, was wir den Kundenflüsterer nennen, in einer Person vereint.

Wenn ich hier von Hard Selling und Soft Selling spreche, dann meine ich die jeweils klassischen Ansätze dieser Verkaufsformen. Beim Hard Selling im alten Stil wird der Kunde auf einen einmaligen Leistungsabnehmer reduziert. Der potenzielle Käufer wird mit Suggestivfragen bombardiert, der Verkäufer arbeitet mit strukturierten Gesprächsleitfäden oder einer Argumentationsmatrix. Eine längerfristige Zusammenarbeit wird fast schon von vornherein ausgeschlossen, da der Käufer häufig überrumpelt wird und nicht selten den Kauf im Nachhinein bereut. Ich setze diese Art des Verkaufs auch gern mit „ungestümem Anbaggern" gleich, das meist nur zu einem One-Night-Stand führt.

Ein Beispiel: Stellen Sie sich vor, Sie schauen sich täglich morgens die Aktienkurse im Fernsehen an. Abends schauen Sie Nachrichten und ab und an sonntags den Tatort. Nach 20 Jahren, die Sie ihrem alten TV-Gerät die Treue gehalten haben, möchten Sie nun einen neuen Fernseher mit größerem Bildschirm kaufen. Sie verfügen allerdings über geringes technisches Verständnis und treffen im Laden auf einen Elektronikexperten, der Ihnen einen brandneu eingetroffenen 3-D-Fernseher verkaufen möchte, der für echte Cineasten und Game-Freaks gebaut wurde. Er liefert Ihnen jede Menge Fakten und Argumente und erklärt Ihnen ausführlich, was Sie mit dem Gerät alles Tolles machen können. Sie lassen sich von den vielen Möglichkeiten, die das Gerät augenscheinlich bietet, und vom Talent des Verkäufers überzeugen. Sie geben Unsummen für den neuen Fernseher aus und freuen sich kurzfristig, dass Sie in Sachen TV endlich auf dem neuesten Stand der Technik angekommen sind. Glauben Sie, dass Sie mit diesem Fernseher glücklich werden? Ich bin überzeugt davon, dass Sie sich zunächst einmal mit der

Bedienungsanleitung herumschlagen werden. Da Sie die meisten tollen Funktionen des Geräts nie nutzen, ärgern Sie sich schon bald darüber, dass Sie viel zu viel Geld für etwas ausgegeben haben, das Sie nicht brauchen. Werden Sie beim nächsten Mal wieder in dieses Geschäft gehen? Wahrscheinlich nicht.

Soft Selling im klassischen Sinne hingegen ist auf eine langfristige Kundenbeziehung ausgelegt und schreibt die Serviceorientierung ganz groß. Es geht darum, die Probleme des Kunden zu lösen und dafür im Vorfeld so viele Informationen wie möglich über den Kunden zu sammeln. Im Gegensatz zum Hard Selling wird hier eher abgewartet, bis der Kunde den ersten Schritt geht. Soft Selling ist damit eher passiv. Der Soft-Selling-Verkäufer ist mehr ein guter Kumpel als ein echter Partner.

Mein Weg des Kundenflüsterns ist geprägt von der individuell angemessenen Aktivität. Der Ansatz ist keine reine Verkaufsstrategie, sondern eine Beziehungsidee, die jeder individuell weiterentwickeln kann und soll. Wenn wir in der Begrifflichkeit des Selling bleiben möchten, ist ein Kundenflüsterer ein „F.L.I.R.T.-Seller". Zum einen meine ich das ganz wörtlich. Kundenflüstern ist klar auch flirten, umwerben und umgarnen. Zum anderen kann das Wort „F.L.I.R.T." als Akronym für zahlreiche Eigenschaften stehen, die ein Kundenflüsterer in der Kommunikation mit seinem Gegenüber mitbringen sollte. Das F steht für eine freie und flexible Kommunikation mit Fingerspitzengefühl. Das L symbolisiert die Leichtigkeit und Liebenswürdigkeit im Dialog und das I das wirkliche Interesse und die individuelle Ansprache. Das R steht für Ruhe, Rechtschaffenheit und die Rückbesinnung auf grundlegenden Respekt, das T für Tradition und die Umsetzung traditioneller Tugenden. Wer also „f.l.i.r.t.e.t.", ist kein Kurzzeitpartner, der als einsamer Wolf an der Verkaufsfront kämpft und der nur auf seinen Vorteil bedacht ist, sondern ein solcher Berater oder Verkäufer strebt im Käufer- und Kundenmarkt eine langfristige Partnerschaft an, wird also zum Langzeit-„Romeo". Wer f.l.i.r.t.e.t. taucht aus dem Sumpf der Gleichförmigkeit auf und springt hinein ins Abenteuer.

F = Fingerspitzengefühl
L = Leichtigkeit
I = Interesse
R = Respekt
T = Tradition

> Sehen Sie sich selbst nicht nur als Verkäufer oder Berater, sondern seien Sie ein aktiver „F.L.I.R.T."-Partner für Ihr Gegenüber. Bleiben Sie beweglich, engagiert und verkaufen oder beraten Sie mit Kopf, Herz und Leichtigkeit, um die Kundenbeziehung nicht einschlafen, sondern immer wieder neu aufblühen zu lassen.

FLÜSTER TIPP!

Alles Akquise – was Flirt und Business gemeinsam haben

Flirten und Business – auf den ersten Blick gehören diese beiden Lebensbereiche nicht zusammen. Im Gegenteil: Flirten am Arbeitsplatz ist negativ konnotiert, wird in den meisten Unternehmen nicht gern gesehen. In der Regel achten wir sehr stark darauf, immer professionelle Distanz zu wahren. Ich behaupte allerdings, Professionalität und Distanz sind viel schwieriger zu vereinbaren als Flirten und Business. Kaum irgendwo ist die Wertschätzung für den anderen höher als in persönlichen Beziehungen – egal, ob es sich um Freundschaften oder Liebesbeziehungen handelt. Würden Sie einem Freund oder gar Ihrem Partner etwas verkaufen wollen, was ihm im besten Fall nichts nützt und im schlimmsten Fall sogar schadet? Warum sollten Sie das mit Ihren Kunden tun? Blicken Sie mit den Augen eines Freundes oder Partners auf ein Kundengespräch, bekommt das Flirten im Zusammenhang mit Business eine neue Bedeutung. Wenn Sie motiviert verkaufen wollen, lohnt es sich, wenn Sie sich in Flirtstimmung versetzen. Wie funktioniert das?

Haben Sie nicht auch schon oft erlebt, wie Ihre Freunde von einem tollen Mann oder einer großartigen Frau geschwärmt haben? Kennen Sie nicht auch die Aufregung vor dem nächsten Treffen? Oder die Suche nach einem neuen, angesagten Restaurant, um Ihre neue Bekanntschaft zu beeindrucken? Haben Sie nicht auch schon einmal plötzlich ein Interesse an Kultur, an Galerien, an den neuesten Modetrends entwickelt? Oder fanden Sie sich als Fußballmuffel nicht auch schon einmal im Stadion wieder, weil Ihr Date am Wochenende nicht ohne Bundesliga leben kann? Und haben Sie nicht all das zum einen gern getan und zum anderen auch sehr genossen? Wer verliebt ist, entwickelt eine ausgeprägte Offenheit für Neues. Wir entwickeln eine Betriebsamkeit, die ihresgleichen sucht. Unser Ziel: die Aufmerksamkeit unseres Gegenübers zu wecken und seine oder ihre Zuneigung zu erhalten. Frisch Verliebte befinden sich in der „Akquisitionsphase", denn um nichts anderes geht es dabei. Wir umwerben den anderen, um für uns selbst zu werben. Wir pflegen den Kontakt, um einen neuen Kunden für die Marke „Ich" zu gewinnen. Wir wollen uns bestmöglich verkaufen und durch unsere Vorzüge überzeugen. Wir wollen erobern, um geliebt zu werden.

Auf das Business übertragen bedeutet das: Wir umwerben unseren potenziellen Geschäftspartner, unsere Kollegen oder den Chef, um ein „Ja-Wort" zu bekommen. Ob es sich dabei um die Bewilligung von Geldern für ein neues Projekt, um eine Gehaltserhöhung, um einen langfristigen Zuliefererverträg oder Ähnliches handelt, spielt keine Rolle. Das System bleibt dasselbe. Wer sich in Flirtstimmung bringt, wirkliches Interesse für die Situation seines Gegenübers entwickelt, sagt selbst Ja und erhält damit auch eher ein Ja vom Geschäftspartner – wenn nicht sofort, dann sicherlich in der Zukunft. Und wie es in Beziehungen so ist, funktionieren jene am besten, bei denen die Basis Freiwilligkeit ist. Wer mit Druck arbeitet, wird vielleicht kurzfristig ans Ziel kommen. Auf lange Sicht gesehen bewähren sich jedoch Vertrauenswürdigkeit, Authentizität und das Zulassen von Freiräumen. Ich sage nicht: Geben Sie auf, wenn Ihr Gegenüber zögert oder eine Bedenkpause möchte. Aber lassen Sie Ihrem Geschäftspartner die Chance, sich frei für Sie und Ihr Anliegen zu entscheiden. Hatten Sie schon einmal dauerhaften Erfolg, indem Sie Druck ausgeübt haben? Sicher nicht. Das würden Sie doch der Dame oder dem Herren Ihres Herzens auch nicht zumuten.

Gehen wir davon aus, Sie haben das „Ja-Wort“ erhalten und schweben im „siebten Verkaufshimmel“. Dann lassen Sie nicht zu, dass das der Anfang vom Ende Ihres Werbens wird. Lassen Sie Ihre Aktivität nicht einschlafen und bewahren Sie sich die Offenheit und Neugier für Ihr Gegenüber auch im „Beziehungsalltag“. Klar gibt es in jeder Verbindung gewisse Abnutzungserscheinungen. Wir lernen unseren Partner mir Gurkenmaske und Lockenwicklern kennen oder in den ausgelatschten Lieblingspuschen. Doch wenn aus dem Flirt ein monotones Miteinander geworden ist, schlägt die Beziehung Falten oder trägt Grauschleier, genauso wie mancher Bestandskunde in den Untiefen unserer Datenbank versinkt. Haben wir unserem Chef oder den Kollegen am Anfang noch regelmäßige, gut ausgearbeitete Updates zum neuen Projekt geliefert, nervt der wöchentliche Report nach einiger Zeit und wird kürzer und weniger informativ. Das Ende vom Lied: Scheidung oder Routine ohne Pep. Mehr als ein Blumenstrauß zum Geburtstag ist nicht mehr drin. Ihr Kunde kann schon dankbar sein, wenn er auf seine E-Mails innerhalb einer Woche eine Antwort erhält. Ihre Mitarbeiter oder Kollegen freuen sich bereits, wenn Sie einmal ein Lächeln von Ihnen bekommen. An echten Austausch oder konstruktive Zusammenarbeit ist nicht mehr zu denken. Woran liegt das? Daran, dass wir unseren „Partner“ als selbstverständlich ansehen und uns immer weniger an den Besonderheiten des anderen erfreuen. Am besten, wir versuchen, einen Beziehungspartner, ob im Privaten oder im Job, jeden Tag neu zu betrachten, denn das Erfolgsrezept lautet, stetig an der Beziehung zu arbeiten.

Geben Sie sich und Ihrem (Geschäfts-)Partner genug Zeit, um eine echte Beziehung zueinander aufzubauen. Halten Sie es dabei mit der Maxime: Der Erfolg kommt mit der sanften Verführung. Pflegen Sie die Beziehung dann wie eine wahre Freundschaft, um dauerhaft verbunden zu bleiben.

FLÜSTER TIPP!

Wie Sie Ihren Geschäftsalltag mit Lust und Leichtigkeit würzen

Stellen Sie sich einen perfekten „Flüstertag" vor. Echtes Flüstern fängt bereits zu Hause an und erstreckt sich weit über den Büroalltag hinaus.

Der perfekte Flüstertag

Es ist 7:00 Uhr morgens. Der Wecker klingelt und Sie haben mal wieder zu wenig geschlafen. Macht nichts, anstatt sich noch einmal umzudrehen, die Schlummerfunktion des Weckers voll und ganz auszukosten und danach völlig gerädert zu sein, stehen Sie einfach auf, auch wenn es schwerfällt. Sie tappen ein wenig benommen ins Bad. Beim ersten Blick in den Spiegel lächeln Sie sich freundlich an und sagen: „Schön, dass Du schon wach bist. Jetzt kann der Tag losgehen. Ich freu mich drauf." Vielleicht kommen Sie sich ein bisschen blöd vor, wenn Sie mit Ihrem Spiegelbild sprechen. Na und? Tun Sie es trotzdem. Ich versichere Ihnen: Diese positive Energie, die Sie sich selbst schon am frühen Morgen geben, kann man Ihnen heute nicht mehr so einfach wegnehmen.

Sie frühstücken gern in Ruhe? Prima. Heute haben Sie genug Zeit dafür, weil Sie rechtzeitig aus den Federn gekommen sind. Setzen Sie sich also mit einer heißen Tasse Kaffee oder Tee hin und genießen Sie ein wenig Zeit für sich selbst. Ob Sie gern grüne Smoothies, Müsli oder eher ein Wurstbrot frühstücken, spielt zunächst einmal keine Rolle. Sie nehmen sich Zeit für das, was Sie gern tun, anstatt hektisch am Bahnhof einen Coffee to go und ein Croissant zu kaufen.

Auf dem Weg zur Bahn lächeln Sie und genießen die aufgehende Sonne. Die Sonne scheint gar nicht? Egal, warum sich ärgern, wenn man am Wetter doch nichts ändern kann? Für schlechtes Wetter gibt es Schirme! Sie gehen weiter und freuen sich, weil die leicht grantige Nachbarin heute zurücklächelt oder der sonst so unhöfliche Teenager aus dem Haus am Ende der Straße im Vorbeigehen „Guten Morgen“ ruft.

In der Bahn nehmen Sie Ihre Tasche heute auf den Schoß, anstatt damit den freien Platz neben sich zu blockieren, und nicken freundlich, wenn sich jemand neben Sie setzt. Sie kommen ins Gespräch und stellen fest, dass Sie seit Jahren denselben Arbeitsweg haben und noch nie auch nur ein Wort gesprochen haben. Das holen Sie heute nach. Sie fahren eigentlich immer mit dem Auto? Dann lächeln Sie doch einfach einmal an der Ampel ins Fenster eines anderen Autos und freuen Sie sich, dass jemand zurücklächelt.

In der Firma angekommen bedanken Sie sich freundlich und persönlich beim Pförtner, der Ihnen die Tür aufgehalten hat, oder winken der Mitarbeiterin am Empfang zu. Sie holen sich in der Küche einen Kaffee – und weil Ihre Sekretärin es verdient hat, bringen Sie ihr eine Tasse mit, selbstverständlich mit Milch und Zucker, wie sie ihn gern mag. Die Dame strahlt Sie an und spürt Ihre Wertschätzung. Sie haben keine Sekretärin? Dann bringen Sie Ihrem Bürokollegen den grünen Tee mit, den er morgens zum Wachwerden am liebsten trinkt.

Sie haben heute einige Konferenzen und Telefontermine vor sich. Also bereiten Sie sich gut vor und überlegen sich, mit wem Sie an diesem Tag in Kontakt treten. Obwohl klar ist, dass auch unangenehmere Termine auf dem Plan stehen, lassen Sie sich nicht entmutigen, sondern schaffen optimale Bedingungen für sich und Ihr Gegenüber. Frau Marquardt, eine langjährige Kundin, lässt sich zum Beispiel nur durch Zahlen, Daten und Fakten beeindrucken. Deshalb haben Sie bereits im Vorfeld recherchiert und kalkuliert, um ihr zu zeigen, dass sich Ihr neuer Vorschlag auszahlen wird. Herr Fäller, ein recht neuer Kunde, wird sicherlich mit Ihnen über die bislang nicht zufriedenstellenden Ergebnisse diskutieren wollen. Da gibt es nichts zu leugnen, die Resultate lassen zu wünschen übrig. Sie haben sich aber bereits überlegt, wie die in Zukunft verbessert werden können, haben konkrete Ideen parat, und bereits letzte Woche haben Sie ihm ein paar Fruchtgummi-Münzen ins Büro geschickt. Denn Herr Fäller liebt Süßigkeiten und damit haben Sie ihm gezeigt, dass Sie zugehört haben, als er das bei Ihrem letzten Meeting erwähnte.

Zwar laufen nicht alle Ihre Gespräche heute perfekt, aber Ihre gute Vorbereitung auf fachlicher und persönlicher Ebene zahlt sich aus. Frau Markquardt sind Sie mit Ihrer guten Recherche eine echte Entscheidungshilfe, obwohl sie heute zunächst sehr nervös wirkte. Und Herr Fäller hat sich sehr über das „Gummi-Geld" gefreut, lacht schon, als er den Hörer abnimmt, und lässt sich nun Ihre weiteren Ideen in Ruhe durch den Kopf gehen.

Nach jedem Telefonat legen Sie eine kurze Pause ein und notieren sich die wichtigsten Punkte und Anmerkungen Ihres Kunden. Das hilft Ihnen für die Zukunft und Sie haben das jeweilige Gespräch abgeschlossen und können sich voll auf das nächste Telefonat konzentrieren. Übrigens ist das einer der Gründe, warum sich Ihre Kunden so wohl bei Ihnen fühlen: Sie hören genau zu und während einer Unterhaltung lenken Sie Ihre Aufmerksamkeit zu 100 Prozent auf das Gespräch und Ihren Gesprächspartner.

Bevor Sie schließlich am Nachmittag in die Dienstbesprechung gehen, gönnen Sie sich eine Prise frische Luft und einen kleinen Spaziergang. Auch wenn Sie heute gar nichts zu präsentieren haben, möchten Sie Ihren Mitarbeitern Ihre volle Konzentration und Beachtung schenken. Das geht am besten, wenn Sie ein wenig Sauerstoff getankt und den Kreislauf angeregt haben.

Auf dem Flur treffen Sie den Azubi, der letzte Woche erst erfolgreich seine Prüfung abgelegt hat. Sie hatten neulich im Gespräch mit einer Kollegin von seiner Prüfungsangst erfahren und hatten ihm ein wenig Studentenfutter als „Nervennahrung" geschenkt. Die kleine Freude hätte ihn abgelenkt, erzählt er, und ihm geholfen, sich auf die Fragen zu konzentrieren.

Wenn Sie abends das Büro verlassen, sind Sie zufrieden und freuen sich auf einen entspannten Abend mit Freunden, einen Saunabesuch, einen ruhigen Abend auf dem Sofa oder was auch immer Sie unternehmen wollen.

Wäre das nicht ein perfekter (Arbeits-)Tag für Sie? Klar läuft es nicht immer so rund. Und wahrscheinlich ist Ihnen auch nicht jeden Tag nach Lächeln zumute. Aber je mehr Sie selbst in Flüsterstimmung sind, desto leichter und positiver werden Sie durch den Tag gehen. Leichtigkeit, Offenheit und Aufmerksamkeit werden Sie für alle Kollegen, Mitarbeiter und Kunden ausstrahlen und sie mit etwas Glück damit anstecken. Doch Sie müssen selbst aktiv etwas dafür tun. Ein Kundenflüsterer wird schließlich nicht über Nacht geboren. Aber mit etwas Übung und der richtigen Haltung können Sie das schaffen und sich, Ihr Unternehmen oder ein Produkt optimal und langfristig gut verkaufen.

Und für den Fall, dass es mal nicht gleich klappt mit der inneren Haltung, habe ich Ihnen einen kleinen Erste-Hilfe-Kasten in Sachen Flüsterstimmung zusammengestellt.

Erste-Hilfe-Kasten „Flüsterstimmung"

Step 1: Denken Sie an eine Situation, in der Sie sich sehr wohlgefühlt haben. Stellen Sie sich vor Ihrem inneren Auge etwas Schönes vor – vielleicht einen Sonnenuntergang, den Sie zusammen mit der Familie oder mit Freunden im Urlaub genießen. Atmen Sie langsam und anhaltend aus, um Ihre Ängste aus dem Körper nach außen zu führen. Kurzum: Lassen Sie los, was Sie fest im Griff hält.

Step 2: Sollten alle Ihre bisherigen Versuche, sich in Flüsterstimmung zu versetzen, immer wieder scheitern, hilft nur eins: die „Kick-die-Ratte-Methode": Dafür setzen Sie sich in Ihren Bürosessel und stellen sich vor, eine Ratte sitzt bei Ihnen und wartet darauf, gefüttert zu werden. Nun visualisieren Sie der Reihe nach alles, was Ihnen Stress bereitet. Leistungsdruck? Geben Sie den an die Ratte weiter. Quotenstress? Die kleine Ratte freut sich, nagt daran, und so schnell können Sie gar nicht schauen, wie sie den vernascht hat und Sie schon wieder erwartungsvoll anblickt. Zeit für den nächsten Happen. „Berührungsängste" – weggemampft. Mit jedem Bissen wächst die Ratte. Sie wird größer und fetter, füllt den Raum immer mehr aus und verliert trotzdem nicht ihren Appetit. Sie frisst weiter und weiter, und wenn sie nur noch einen kleinen Bissen „Mangel an Selbstvertrauen" bekommt, wird es langsam eng im Raum. Jetzt ist es Zeit, dass Sie sich in Gedanken an der Ratte vorbeidrücken und zum Fenster laufen. Öffnen Sie es weit – und dann verpassen Sie der Ratte einen festen Tritt, um sie aus dem Fenster zu befördern. Jetzt haben Sie wieder Platz im Zimmer und die Ratte hat alles mitgenommen, was zuvor auf Ihnen lastete.

So bringen Sie sich in Kundenflüsterstimmung

- ☐ Schaffen Sie eine persönliche Atmosphäre für unbeschwerte Kommunikation, ohne sich hinter Routinen und Leitfäden zu verstecken.
- ☐ Befreien Sie sich gedanklich und emotional von Quotendruck, Umsatzzielen und den eigenen hohen Ansprüchen.
- ☐ Begeben Sie sich ohne Verkaufsabsicht in ein Gespräch.
- ☐ Gewinnen Sie mehr Authentizität, indem Sie Dialoge anstatt Monologe führen.
- ☐ Schaffen Sie sich im Rahmen der Möglichkeiten Raum für die Individualisierung Ihrer Gespräche.
- ☐ Bleiben Sie stets offen für die Anliegen Ihrer Kunden, Kollegen, Mitarbeiter und Chefs.
- ☐ Seien Sie immer zugewandt statt abgewandt.
- ☐ Verabschieden Sie sich von Standards und Floskeln.
- ☐ Respektieren Sie Ihre Gesprächspartner und ihre Entscheidungen.
- ☐ Kommunizieren Sie mit Kopf, Herz und Leichtigkeit.
- ☐ Geben Sie sich und Ihrem Gegenüber Zeit, um eine Beziehung zu entwickeln.
- ☐ Seien Sie ein Partner statt nur Verkäufer.
- ☐ Pflegen Sie eine Geschäftsbeziehung wie eine Freundschaft.
- ☐ Verstehen Sie sich als Glücksbote mit Neugier und Fingerspitzengefühl. Haben Sie Freude an dem, was Sie tun: Denn Freude färbt ab.

---

2. Die Last mit Leitfäden

oder warum Kommunizieren heute so anstrengend ist

Wie wir uns auch drehen und wenden: Keiner von uns kommt darum herum, immer wieder Verkäufer zu sein, egal, ob es dabei um Produkte, Services, um Meinungen oder um die eigene Person geht – gemeint ist in diesem Zusammenhang jegliche Dienstleistung, ob es dabei um Beratung, Coaching oder eben Verkauf geht. Ganz klar, dass sich jedem „Dienstleister" die Frage stellt: „Wie mache ich es am besten?" Gute Frage! Fragen Sie 100 Experten, werden Sie wahrscheinlich 100 verschiedene Antworten bekommen. Tatsächlich entstehen immer mehr Selling-Ansätze und es gibt scheinbar unendlich viele Wege, die zum Ziel führen: Hard Selling, Soft Selling, und mein F.L.I.R.T.-Selling-Ansatz – den habe ich Ihnen ja bereits ein wenig vorgestellt.

So unterschiedlich diese Ansätze sein mögen, eines haben sie alle gemeinsam: Es geht immer um Kommunikation. Oder genauer: Es geht um die Art und Weise, wie wir den potenziellen Kunden ansprechen und von den Vorteilen des jeweiligen Produkts überzeugen. Wohl dem, der sich in einem klar definierten Markt mit wenig Konkurrenz befindet. Doch ein sehr großer Teil von uns kennt diese Luxussituation nicht – und die Verkaufs- oder Beratungsaufgabe wird immer komplizierter. Inzwischen beschränkt sich der Kampf um den Kunden nicht mehr nur auf klassische Gesprächskanäle. Wir bekommen im rasanten Tempo immer mehr Möglichkeiten serviert: Facebook, Twitter, Instagram und wie sie alle heißen, hinzu kommen SMS, Newsletter, Websites und vieles mehr. Inzwischen sollen es bis zu 13 000 Werbebotschaften sein, mit denen wir täglich bombardiert werden – in den 1950er-Jahren waren es nur um die 300 (Marketing Börse 2013). Ich lehne mich wohl nicht zu sehr aus dem Fenster, wenn ich behaupte, dass wir keine 13 000 Werbebotschaften wirklich aufnehmen können. Was ich damit sagen will: Es ist schwieriger geworden, zwischen all den Botschaften aufzufallen. Wie also können wir als Verkäufer und Berater da noch Aufmerksamkeit auf uns ziehen? Wie kommt unsere Botschaft wirklich an?

Von E-Mail-Fluten und Tweet-Geschnatter

Kennen Sie das? Sie telefonieren, und während Sie sprechen, macht Ihr Telefon unaufhörlich „bling". Ein Kollege schickt eine SMS, ein Kunde schreibt Sie über Facebook an, gleichzeitig klopft ein Verkäufer in der Leitung an und der Festnetzanschluss klingelt unaufhörlich. So oder so ähnlich geht es auch Ihren Kunden. Die meisten klagen regelmäßig darüber, dass sie nicht mehr zum Arbeiten kommen, geschweige denn, dass sie sich strategische Gedanken machen können, weil ständig irgendein Kanal Aufmerksamkeit fordert. Und plötzlich ist der Arbeitstag schon wieder vorbei.

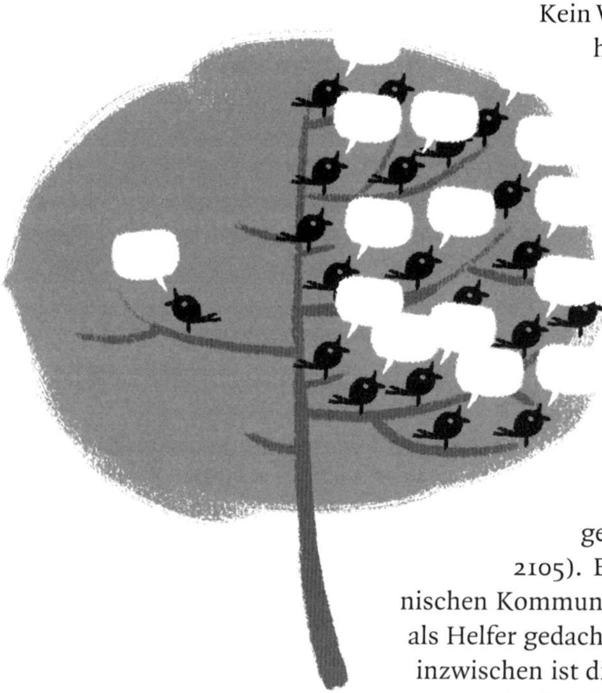

Kein Wunder! Wussten Sie, dass es heute 288 Millionen Twitter-User gibt? Facebook wird inzwischen von 1,39 Milliarden Menschen weltweit genutzt und wir rufen 4 Milliarden Videos pro Tag über YouTube auf. 2014 haben wir 506,2 Milliarden E-Mails verschickt und für 2015 rechnet man mit 537,1 Milliarden E-Briefchen, Spam-Mails noch nicht einmal mitgezählt (alle Zahlen: Statista 2105). Eigentlich waren diese technischen Kommunikationskanäle ursprünglich als Helfer gedacht und wurden gefeiert. Doch inzwischen ist die digitale Revolution ausgeartet und oftmals zur Plage geworden.

Machen Sie es wie eine meiner Kundinnen: Sie erzählte mir neulich, dass sie sich angewöhnt habe, täglich für mehrere Stunden ihr Handy abzuschalten, ihr Festnetztelefon umzuleiten und ihr E-Mail-Programm zu schließen – nur auf diese Weise könne sie konzentriert arbeiten. Die Dame leitet übrigens eine PR-Agentur – natürlich ist das Nicht-erreichbar-Sein für sie keine dauerhafte Option, doch es gehört für sie zum optimalen Zeitmanagement, diese „Auszeiten" einzuplanen.

FLÜSTER TIPP!

Ein weiteres Problem ist, dass die Technik, die hinter all den Mails, Tweets und Anrufen steckt, nicht immer einwandfrei funktioniert. Hilfe gibt es meist nur in Callcentern. Und die können ein echter Zeitkiller sein – wie mein Erlebnis von neulich zeigt. Seit einiger Zeit nutze ich meine Office-Programme von Microsoft im Abonnement. Leider erschien beim letzten Mal die Nachricht, dass ich in meinem Account noch etwas bearbeiten müsse, bevor ich die Office-Produkte weiter nutzen könne. Ich klickte also auf den Link, loggte mich in meinem Account ein und erfuhr, dass mein Konto bereits seit Monaten inaktiv sei. Verwundert rief ich also den Kundenservice an. Leider war unter der angegebenen Nummer nur der Service für die Privatkunden zu erreichen. Die Dame stellte mich netterweise zum Servicemitarbeiter für „Small Business" durch, warnte mich jedoch vor, dass unter Umständen niemand erreichbar sei. Es sei ja schließlich Wochenende. Richtig. Trotzdem meldete sich nach einiger Zeit ein Mitarbeiter, der mit indischem Akzent Englisch sprach. Gott sei Dank ist mein Englisch gut genug, dass ich ihn verstehen konnte, und nachdem ich mein Problem geschildert hatte, stellte er mich dann tatsächlich auch an eine ebenfalls englischsprachige Kollegin durch, die mir helfen sollte. Dazu musste ich jedoch ein Hilfsprogramm downloaden, damit sie sich auf meinem Rechner einloggen konnte, um zu sehen, was ich sah – auf Deutsch. Ich übersetzte ihr also fleißig, was da stand, und nach ein paar Minuten fanden wir heraus, dass mein Passwort abgelaufen war und ich lediglich ein neues Passwort eingeben musste. Danach lief alles wieder einwandfrei. Der Spaß hat mich aber eine Stunde und jede Menge Nerven gekostet. Wäre das nicht einfacher zu lösen gewesen – eventuell mit einer Info-E-Mail, dass ich mein Passwort alle paar Monate erneuern muss? War diese Lösung kundenorientiert? Sicherlich nicht. Und auf keinen Fall bedürfnisorientiert. Was hätte ein Kunde getan, der sich mit einem englischsprachigen Mitarbeiter der Firma gar nicht hätte unterhalten können? Der hätte bis zum nächsten Werktag warten müssen und seine Programme bis dahin nicht nutzen können.

Machen Sie sich immer bewusst, dass Sie nicht der Einzige sind, der akquiriert. Überlegen Sie sich im Vorfeld, in welchem Umfeld der Kunde sitzt. Erziehen Sie nicht Ihre Kunden, sondern passen Sie sich an deren Bedürfnisse an. Agieren und reagieren Sie bedürfnisorientiert. Merken Sie sich, ob ein Kunde gern per Mail, SMS oder über Facebook kontaktiert werden möchte. Und wenn Sie sich selbst mit einer Thematik nicht auskennen, dann interviewen Sie einen Experten. Denken Sie „out of the box".

FLÜSTER TIPP!

Schema F statt Charme – wie Regeln zum Korsett werden

Viele meiner Kunden berichten mir immer wieder davon, wie unflexibel und eingefahren es in ihrem Unternehmen zugeht. Führungskräfte wie Mitarbeiter stecken immer mehr in Strukturen fest, die wenig Abweichung dulden. Woran liegt das? Zum Beispiel am starken Wachstum vieler Firmen, an globalisierten Märkten, an abteilungs- und standortübergreifenden Standards. Viele Unternehmer brauchen starre Strukturen und klare Definitionen von Arbeitsprozessen, um nicht im Chaos zu versinken und nicht den Überblick zu verlieren.

So hat mit der Einführung des Qualitätsmanagements in Firmen die Prozessoptimierung Einzug gehalten. Dazu werden Abläufe analysiert und auf Zeit- und Kostenoptimierung hin verbessert. Das mag für viele Unternehmensbereiche von großem Nutzen sein. Leider hat diese Prozessoptimierung auch in die Unternehmenskommunikation Einzug gehalten. Für Telefonate und Kundengespräche werden Leitfäden und Standardsätze definiert, um das Produkt oder die Dienstleistung erfolgreich an den Mann zu bringen. In der Praxis bedeutet das, wir kommunizieren universell, ohne auf Feinheiten und Nuancen einzugehen und ohne das Individuum Kunde mit seinen Bedürfnissen genau kennenzulernen und darauf abgestimmt zu bedienen. Erscheint uns ein Kundenbedürfnis zu kompliziert, wird das „Problem" an den nächsten Mitarbeiter übergeben. Die Zeiten, in denen eine Person für ein Produkt oder eine Dienstleistung zuständig war, scheinen unwiederbringlich vorbei.

Wie oft haben Sie in den letzten Jahren Ihre Versicherung, Ihren Telefonanbieter oder ihren Stromlieferanten gewechselt? Bei mir sind es vor allem die Versicherungsverträge, die ich regelmäßig neu schließe. Warum? Ich hatte etwa bei meiner Autoversicherung über Jahre ständig steigende Preise, ohne dass ich je einen Unfall mit meinem Auto gehabt, sprich Kosten für meinen Versicherer verursacht hätte. Festgemacht wurden die Preise an den vielen anderen, die Wagen meines Autotyps gern in den Graben fuhren, bestohlen wurden oder in Crashs verwickelt waren. „Mitgefangen, mitgehangen" lautet die Devise der Versicherungsgesellschaften. Jetzt könnte ich mich selbst regelmäßig durch Vergleichsportale im Netz wühlen, um hier und da ein wenig Geld zu sparen. Ich habe aber lieber einen unabhängigen Versicherungsmakler engagiert, der alle meine Versicherungen jedes Jahr überprüft – und zwar ohne, dass ich ihn darum bitte. Das geht ganz automatisch. Und wenn es ein besseres Angebot für dieselben Leistungen gibt, dann kann ich mich darauf verlassen, dass er es findet und mir anbietet. Haben sich meine Bedürfnisse geändert, teile ich ihm das mit. Auch dann steht er mir mit Rat und Tat zur Seite und optimiert meinen Versicherungsschutz ganz individuell. Klar, dass ich mich dort gut aufgehoben fühle. Er hört mir zu und arbeitet individuell statt universell, weil er es als „kleiner Fisch" kann – oder weil er sich diesen Luxus zugunsten langfristiger Kundenbeziehungen leistet. Ein echter Versicherungsflüsterer!

Verlieren Sie sich nicht in universellen Strukturen und Leistungsvorgaben. Schalten Sie Ihr Gehirn ein und fördern Sie Ihre Fähigkeit, individuell zu denken und zu kommunizieren, um langfristig erfolgreicher zu verkaufen.

FLÜSTER TIPP!

Die fünf Kommunikationskiller und wie es besser laufen kann

Sie kennen das sicher: Ihr Gespräch hat gut angefangen, doch plötzlich nimmt es eine Wendung, die Sie nicht vorhergesehen haben. Woran liegt das? Das können Nuancen sein: Ein Schlüsselsatz, der in vielen Gesprächen zuvor zu einem erfolgreichen Abschluss geführt hat, bewirkt in diesem Fall genau das Gegenteil. Und häufig können Sie sich das gar nicht erklären; die Geschichte der Kommunikation steckt voller Fettnäpfchen, die wir gar nicht alle umgehen können. Am wichtigsten ist es aber zu wissen, dass es kein eindeutiges Richtig oder Falsch gibt, da jeder Dialog und jede Gesprächsrunde von den Charakteren der Beteiligten und deren Bedürfnissen mitbeeinflusst wird. Einigen Kardinalfehlerquellen sollten Sie jedoch ausweichen, wenn Sie stimmig kommunizieren möchten. Vermeiden Sie die im Folgenden beschriebenen Kommunikationskiller, haben Sie es im Dialog leichter.

Kommunikationskiller 1
Die Quasselstrippe – vor lauter Reden nichts hören

Im Grunde genommen ist eine Quasselstrippe beim Verkaufen gut aufgehoben, denn die Lust aufs Sprechen ist eine Grundvoraussetzung für jeden Verkäufer – und natürlich für jeden anderen Berater. Viele verwechseln jedoch ein Verkaufs- oder Beratungsgespräch mit einem Monolog, das Sich-Unterhalten damit, den anderen zuzutexten. Ich denke da zum Beispiel an den Hamburger Fischmarkt, wo sich die Marktschreier an Angeboten und Lautstärke gegenseitig überbieten. Hier preisen sie den besten Gurkenhobel der Welt an, dort den meisten Fisch in der Tüte für 10 Euro. Das Ziel: schnell und dominant anbieten, um am Ende seinen Marktstand leer zu haben. Was der Kunde will, ist vorher klar: ein Erlebniseinkauf zu einem unschlagbaren Preis. Was er bekommt, ist Partyshopping und Ware, die es im Supermarkt wahrscheinlich günstiger gegeben hätte oder von der er die Hälfte wegwirft, weil er genug für eine Großfamilie gekauft hat, obwohl er allein lebt. Trotzdem geht er zufrieden nach Hause, weil er das Gefühl mitnimmt, ein Schnäppchen gemacht zu haben.

Verkaufen Sie häufig auf dem Fischmarkt? Nein? Das hab ich mir gedacht. Doch genau hier gehören Quasselstrippen hin. Wer also nicht gerade als Marktschreier Gurkenhobel oder Fischtüten verkauft, sollte die Kunst des Zuhörens beherrschen und in einen Dialog einsteigen. Denn Quasselstrippen achten weder auf Mimik, Gestik oder Blickkontakt, sie ballern ihre Zuhörer mit Informationen zu, was jeden Dialog im Keim erstickt.

Stellen Sie sich vor, Sie bekommen von Ihrem Arbeitgeber einen Firmenwagen gestellt. Dafür wurde die Summe X veranschlagt, alles Weitere dürfen Sie selbst entscheiden. Ihr Mitarbeiter hat bereits einen Termin im angestammten Autohaus für Sie ausgemacht. Schließlich stammen alle Wagen in Ihrem Unternehmen von hier, und Sie möchten dem Autohaus gern eine Chance geben, obwohl Sie lieber eine andere Marke fahren würden. Sie betreten das Ladengeschäft des Händlers und gleich kommt der freundliche Verkäufer A auf Sie zugestürzt und zerrt Sie nach kurzem Begrüßungsgeplänkel in Richtung einer schwarzen Limousine, die so gut zum Unternehmen passe und die er bereits nach der Terminvereinbarung extra für Sie reserviert habe. Ohne Luft zu holen, erzählt Ihnen der Verkäufer, wie Sie damit auf andere wirken, spricht über eingebaute Vorfahrt und wie viel Platz der Kofferraum zu bieten hat. Fünfzehn Minuten lang haben Sie einfach nichts gesagt und langsam stellt sich aufgrund der Informationsflut und des Sprechtempos des Verkäufers ein leichter Kopfschmerz bei Ihnen ein. Sie kommen gar nicht erst dazu, ihm zu erklären, dass Sie die Farbe Silber viel lieber mögen als

Schwarz und dass Sie viel in der Stadt unterwegs sein werden, sodass ein kompakter Wagen für Sie aus Parkplatzgründen wichtig ist. So viele PS benötigen Sie auf keinen Fall – und wenn schon Luxus, dann hätten Sie viel lieber ein Faltdach. In seiner Verkaufswut hat der Quasselstrippen-Seller gar nicht bemerkt, wie Sie in Gedanken den Laden bereits wieder verlassen haben. Sie bedanken sich noch höflich und schreiben ein gedankliches Memo, diesen Laden nie wieder zu betreten.

Gleiche Situation – anderes Szenario: Als Ihr Mitarbeiter wegen eines Termins im Autohaus anruft, bittet Verkäufer B ihn, einige Details im Vorfeld bei Ihnen abzufragen und ihm mitzuteilen. Sie kommen im Autohaus an und auch dieses Mal begrüßt Sie der Verkäufer persönlich. Gemeinsam trinken Sie eine Tasse Kaffee in seinem Büro und er versichert sich, dass die Ihre Wünsche alle korrekt übermittelt wurden. Dann erzählt er Ihnen, was er für Sie ausgesucht hat, welches Modell er Ihnen für Ihre Bedürfnissen empfehlen würde und warum. Sie erhalten die Möglichkeit, sich drei Modelle anzusehen, Probe zu fahren, Fragen zu stellen – und weil das Budget noch nicht vollständig ausgeschöpft ist, kommen Sie sogar noch in den Genuss einiger Extras, von denen Sie nicht einmal zu träumen gewagt hatten. Sie verlassen den Laden mit einem auf Sie zugeschnittenen Wagen, sind sehr zufrieden und würden jederzeit wieder hierherkommen.

Warum haben Sie bei Verkäufer B gekauft? Was hat er besser gemacht als sein Kollege A? Klare Antwort: Er hat sich Zeit fürs Zuhören genommen und Sie haben beide davon profitiert.

> Hören Sie mindestens genauso viel zu, wie Sie reden, und drosseln Sie Ihr Tempo so weit, dass Ihr Gegenüber Ihnen jederzeit folgen kann. Totquatschen funktioniert höchstens auf dem Hamburger Fischmarkt.

FLÜSTER TIPP!

Kommunikationskiller 2

Der Authentizitätsverräter – vor lauter Rollenspiel sich selbst verlieren

Geht es Ihnen nicht auch manchmal so, dass Sie einem Menschen gegenübersitzen und das Gefühl haben, irgendetwas stimmt nicht mit dem – Sie können sich aber nicht erklären, was es ist? Denken Sie dann Sachen wie „Dem würde ich nie etwas abkaufen“ oder „Seine Idee kann nicht gut sein“? Dabei macht Ihr Gegenüber scheinbar alles richtig. Er ist freundlich, alles, was er sagt, scheint Hand und Fuß zu haben. Er ist gut gekleidet. Seine Körperhaltung ist offen. Zumindest glauben Sie das. Denn eigentlich können Sie ihn gar nicht richtig ansehen und erst recht ihm kaum zuhören. Irgendetwas stößt sie ab und lässt Sie erst wieder durchatmen, wenn Sie den Raum verlassen haben.

Warum ist das so? Ich spreche häufig mit Verkäufern oder Beratern, die meine Kunden sind, über solche oder ähnliche Situationen. Sie berichten mir, wie sie sich durch Produktschulungen sowie durch Kurse für Rhetorik und Körpersprache gearbeitet haben. Sie fühlten sich im Vorfeld von Gesprächen sicher und waren gut vorbereitet. Trotzdem verliefen diese Gespräche dann häufig anders als geplant – und nur selten endeten sie erfolgreich. Das liegt zum Beispiel daran, dass Sie sich eine Art zu sprechen, sich zu bewegen und sich zu kleiden antrainiert haben, die viel zu wenig ihrem Selbst entspricht. Doch immer dann, wenn wir nicht authentisch sind, empfindet unser Gegenüber instinktiv, dass da etwas nicht stimmt.

Das kann an so simplen Dingen wie etwa einer Kleiderordnung liegen. Herrscht in einem Unternehmen zum Beispiel Anzugspflicht und das Anzugtragen liegt Ihnen nicht, so heißt das nicht, dass sie die Firmenregeln grundlegend ablehnen oder missachten sollten, aber Sie spielerisch und kreativ mit ihnen umgehen – und statt eines schwarzen oder grauen Anzugs einen dunkelblauen tragen. Eleganz und Präsenz können wir innerhalb des gesteckten Rahmens auch durch Individualität und Einfallsreichtum erreichen.

Spielen Sie in einem Theaterstück oder gar in einem Kinofilm mit? Nein? Dann sollten Sie aus Ihrem täglichen Leben auch keine Seifenoper machen. Authentisch und wahrhaftig zu sein, ist Ihr Schlüssel zu besseren Dialogen. Und um beim Umgang mit anderen „echt" zu sein, ist es essenziell, mit sich selbst unverfälscht umzugehen, sich so zu sehen und zu fühlen, wie man wirklich ist. Ich versichere Ihnen, ihr eigenes Selbstbewusstsein wirkt sich positiv auf den Umgang mit anderen aus. Schon nach kurzer Zeit werden Sie ein Fingerspitzengefühl und eine Zugewandtheit für Ihr Gegenüber entwickeln.

So sind Sie authentisch:

- Ihre Kleidung sollte zwar der Firmenphilosophie, jedoch immer auch Ihrem Typ entsprechen.
- Gibt es strenge Gesprächsleitfäden, darf die persönliche Note im Dialog trotzdem nicht ausgeklammert werden.
- Sprechen Sie ehrlich und echt, sonst wirken Sie falsch und aufgesetzt.
- Versuchen Sie nie, etwas darzustellen, was Sie nicht wirklich sind. Sonst wirken Sie gekünstelt.

Spielen Sie keine Rolle. Wer den Part eines anderen mimt, verliert sich oft selbst. Wir sind nämlich keine geborenen Hollywoodstars. Die lernen schon früh, sich in verschiedene Rollen hineinzufühlen, Emotionen, die sie fühlen sollen, auch wirklich zu spüren oder aus ihrem Unterbewusstsein hervorzukramen. Das können leider nur die Wenigstens von uns.

> Seien Sie echt mit sich selbst, dann wirken Sie auch im Umgang mit anderen authentisch. Schwindeln Sie Ihre Kunden nicht an. Denn auch wenn Sie glauben, Sie seien ein guter Schauspieler, wird man Ihr falsches Spiel bemerken.

FLÜSTER TIPP!

Kommunikationskiller 3
Der Emotionslose – vor lauter Verkaufen nichts gespürt

Noch immer höre ich häufig, dass sich in vielen Firmen hartnäckig das Gerücht hält, dass Emotionen im Geschäftsleben nichts zu suchen hätten. Ich frage mich häufig, woran das liegt. Denn jede Werbung basiert doch auf dem Prinzip, ein Begehren durch Emotionen zu wecken. Da können Sie Waschmaschinentabs, Fußballschuhe oder auch die Mitgliedschaft bei einer Online-Partnervermittlung verkaufen – es läuft immer über Gefühle. Stellen Sie sich einmal einen TV-Spot vor, in dem es rein sachlich nur um die genaue Zusammensetzung eines Waschmittels geht. Langweilig! Die meisten wollen gar nicht wissen, was in den Saubermachern enthalten ist. Sie wollen spüren, dass ihre Wäsche damit ganz einfach sauber wird und wie viel leichter sich dadurch die Haushaltsarbeit gestalten lässt.

Werbung kommt von Werben. Und darum geht es auch in unseren Gesprächen. Wir werben um die Aufmerksamkeit unseres Gegenübers, um unsere Botschaften zu transportieren. Wer kein Gespür für die Stimmung des Gesprächspartners entwickelt, wird keine echte Verbindung zu ihm herstellen können. Denn gute Kommunikation ist immer auch persönlich.

Stellen Sie sich vor, Sie sind Arzt in einer Klinik und müssen Menschen Diagnosen übermitteln. Durch starre Routinen und straffe Zeitpläne bleibt oft nur ein kurzes Zeitfenster, um sich mit jedem Patienten zu beschäftigen. Wenn Sie jemandem aber eine Diagnose mitteilen und über Behandlungsmethoden sprechen müssen, spielt Ihr Einfühlungsvermögen eine essenzielle Rolle. Deshalb müssen Sie sich die nötige Zeit trotzdem nehmen. Denn wer vertraut schon einem Arzt, der kurz über eine Krankheit informiert und dann schon fast wieder zur Tür hinaus ist?

Eine meiner Bekannten hatte sich im letzten Jahr einen komplizierten Fingerbruch zugezogen, durch den sie über Wochen ihre linke Hand nicht benutzen konnte. Eine Operation war zwingend. Als freie Journalistin lebt sie aber unter anderem davon, eine schnelle Tipperin zu sein.

Sie können sich sicher vorstellen, was die plötzliche Umstellung vom Zehn-Finger-System auf ein Fünf-Finger-System für sie bedeutete. Autofahren war übrigens auch tabu. Mit Gipsschiene wäre sie im Falle eines Unfalls nicht versichert gewesen und von ihrem Dorf aus fährt nur dreimal am Tag ein Bus in die Stadt. Also: Recherche nur von zu Hause aus und Texten mit halber Geschwindigkeit. Deshalb sollte die Operation so schnell wie möglich vonstattengehen. Sie bekam zügig einen Operateur zugeteilt und ging für Vorgespräche in die Klinik. Der aufklärende Arzt erzählte ihr von Risiken und möglichen Komplikationen, die während der OP auftreten könnten. Und davon, dass es nicht sicher sei, dass sie den Finger jemals wieder würde bewegen können. Da ihr ihre Hände heilig waren, bat sie um ein kurzes Gespräch mit dem operierenden Arzt, um ein Gespür für den Mediziner zu bekommen und ein wenig von ihrer Panik ablegen zu können. Die Klinik antwortete nur kurz, das sei nicht vorgesehen. Selbstverständlich hat meine Bekannte sich in diesem Haus nicht unters Messer gelegt. Erst als sie einen operierenden Mediziner fand, der bereit war, sie im Vorfeld persönlich zu treffen, willigte sie in die Operation ein. Der Arzt hat ihr dann erklärt, was genau er an ihrem Finger machen würde und warum die Operation so komplex sei. Er nahm sich Zeit und besprach mit ihr vor allem auch die Vorteile, die der Eingriff mit sich bringen würde und warum er ihr trotz der Risiken dazu rate. Er erklärte ihr außerdem, was sie vorbereitend selbst zu einer guten Heilung beitragen könnte. Die Operation verlief ohne Komplikationen und an ihrer Hand ist außer einer feinen Narbe nichts mehr vom Unfall zurückgeblieben.

Sie sehen also, wie wichtig es auch im beruflichen Kontext ist, eine emotionale Verbindung zu Ihrem Gegenüber aufzubauen. Das gilt nicht nur für ein Arzt-Patienten-Verhältnis. Ohne einen (potenziellen) Kunden ein wenig kennenzulernen und sich mit ihm zu beschäftigen, werden Sie es viel schwerer haben, eine kurz- und vor allem auch langfristig wichtige, vertrauensvolle Nähe zu ihm aufzubauen.

So schaffen Sie eine Verbindung:

- Nehmen Sie sich genug Zeit für jedes Gespräch.
- Schaffen Sie eine Wohlfühlatmosphäre.
- Lassen Sie sich auf Ihr Gegenüber ein.

- Entwickeln Sie ein Gespür für Gefühle, Probleme, Ängste, Hoffnungen und Träume Ihres Gesprächspartners.
- Stellen Sie das Verkaufen in den Hintergrund.

> Lernen Sie Ihren Gesprächspartner und seine Emotionen kennen und stellen Sie eine Verbindung zwischen Ihnen her. Dabei dürfen Sie auch gern persönlich werden. Denn so funktioniert Kommunikation: persönlich.

FLÜSTER TIPP!

Kommunikationskiller 4

Der Schubladenpacker – vor lauter Interpretieren nichts erfahren

Wir Menschen lieben Schubladen und Klischees. Unaufhörlich sind wir damit beschäftigt, unsere Mitmenschen zu kategorisieren und zu beurteilen. Viel zu schnell wird aus einem Motorradfahrer ein Gang-Mitglied, aus einem Banker ein Langweiler oder aus einer Veganerin eine Frau, die nicht genießen kann und keinen Spaß am Leben hat. Leider ticken wir auch in Sachen Kommunikation so. Unsere Kunden und Kollegen werden fein säuberlich in unsere innerlichen Ablagefächer sortiert – und bis wir sie da wieder herauslassen, muss schon einiges passieren.

Auf Kommunikation übertragen bedeutet das, dass wir vorsichtig sein müssen, mit vorgefertigten Meinungen in einen Dialog zu gehen – besonders dann, wenn wir eine Person noch nicht einmal kennengelernt haben und nur vom Hörensagen über sie „Bescheid wissen“. Dann können Vorurteile schnell unangenehme Konsequenzen nach sich ziehen. Ihr Kollege erzählt Ihnen zum Beispiel, dass Herr Konstantin, der nächste Woche zur Aktienberatung bei Ihnen vorbeikommt, ein wirklich schwieriger Typ sei. Er sei froh, dass Sie den Herrn jetzt übernommen hätten. Das letzte Mal sei er wütend und schreiend aus seinem Büro gelaufen. Der Kerl sei ein waschechter Choleriker. Wenn Sie Ihrem

Kollegen blind Glauben schenkt, würden Sie dann noch entspannt und unvoreingenommen an den bevorstehenden Termin herangehen? Wahrscheinlich nicht. Wenn Sie aber schon nicht entspannt sind, wie soll es Ihr Kunde dann sein? Denn genauso wie sich Freundlichkeit und Offenheit auf Ihren Gesprächspartner übertragen, spürt er auch, wenn Sie unsicher oder angespannt sind.

Sie sollten also unbedingt ohne eine vorher gebildete Meinung in einen Termin gehen. Selbst im oben geschilderten Fall von Herrn Konstantin gibt es zwei Perspektiven, aus denen das missglückte Gespräch mit dem Kollegen betrachtet werden sollte: Für den Kollegen war es sicherlich unangenehm, für den Kunden aber bestimmt auch. Offensichtlich ist in deren Kommunikation etwas ziemlich schiefgelaufen, aber Sie waren nicht selbst dabei und können nicht wissen, was sich wirklich abgespielt hat. Möchten Sie vermeiden, dass auch Ihr Termin schiefläuft? Dann hören Sie zu, was der Kunde zu sagen hat! Vielleicht ist ihm der Vorfall ja peinlich und er möchte sich entschuldigen, vielleicht hatte er einen privaten Grund, der gar nichts mit Ihrer Firma oder Ihrem Kollegen zu tun hatte, vielleicht hat er tatsächlich schlechte Manieren. Sie werden es nur herausfinden, wenn Sie sich auf ihn einlassen.

Und genau beim Einlassen liegt das Problem, wenn wir uns von Bürotratsch oder auch von gesellschaftlich übermittelten Vorurteilen beeinflussen lassen. Die halten uns davon ab, in eine echte Kommunikation einzusteigen. Sie blockieren einen unvoreingenommenen Dialog. Ergo: Wir boykottieren unsere Gespräche bewusst oder unbewusst, schon bevor sie stattfinden.

Hören Sie nicht auf Klatsch und Tratsch, sondern bilden Sie sich immer eine eigene Meinung. Seien Sie dabei offen für die Verschiedenheiten der Menschen und bewahren Sie sich Unvoreingenommenheit.

FLÜSTER TIPP!

Kommunikationskiller 5

Der Bequatscher – vor lauter Überreden nicht überzeugt

Nicht selten geschieht es, dass wir über Leitfäden oder Prozesse, die im Unternehmen bereits festgeschrieben sind, unsere Kommunikationsziele definiert haben, bevor ein Gespräch beginnt. Verkauft wird diese Art der Gesprächsführung unter dem Deckmantel der „guten Vorbereitung". Dabei lässt sich ein genauer Gesprächsablauf gar nicht zu 100 Prozent planen. Wer zu sehr auf seine Ziele fokussiert ist, dem passiert es schnell, dass er seinen (potenziellen) Kunden überredet, anstatt ihn zu überzeugen – keine gute Idee, wenn wir auf Nachhaltigkeit in der Beziehung setzen wollen.

Um Zielvorgaben kommen Sie in kaum einem Unternehmen herum. Woran Sie jedoch individuell arbeiten können, ist Ihre persönliche Herangehensweise. Fragen Sie sich zunächst einmal, ob Sie in Gesprächen durch Inhalte und gekonnte Kommunikation überzeugen oder ob Sie vor lauter Zielfokus zum Überreden neigen. Sitzen Ihnen Quoten im Nacken? Dann machen Sie sich so weit wie möglich frei davon: Ich bin überzeugt davon, dass ausschließlich mit echter Überzeugungsarbeit gut und stimmig verkauft werden kann.

Wie geht das?

- Lassen Sie Ihren Gesprächspartner zu Wort kommen und ausreden.
- Akzeptieren und wertschätzen Sie die Argumente Ihres Gegenübers.
- Analysieren und besprechen Sie Situationen gemeinsam.
- Benutzen Sie keine Standardsätze und Floskeln, sondern kommunizieren Sie individuell.
- Sagen Sie Ihre Meinung, aber akzeptieren und wertschätzen Sie auch die Meinung Ihres Gesprächspartners.

Wer sich selbst und seine Gesprächsziele zu sehr ins Rampenlicht rückt, bequatscht sein Gegenüber. Denken Sie stets daran, dass es um Ihr Gegenüber geht und nicht um Sie. Sie sollten im besten Interesse Ihres Kunden beraten.

Machen Sie sich stets bewusst, dass das Werben um Kunden, Anerkennung oder Zustimmung nicht manipulativ sein darf. Wenn Sie nicht überzeugen können, treten Sie einen Schritt zurück, anstatt zu überreden. Dann gewinnen Sie langfristig das Vertrauen Ihres Gegenübers.

FLÜSTER TIPP!

Die drei E's: Ego, Entertainer, Experte

Als besonders unangenehm können Gespräche mit Ego-Talkern, Entertainern und selbst ernannten Experten empfunden werden. Stellen Sie sich folgende Szene aus dem Privatleben vor: das erste Date. Er steht an der Bar, sie sitzt daneben. Auf einen Drink hat er sie netterweise eingeladen. Doch von nun an geht es nur noch um ein Gesprächsthema: ihn! Sein Haus, sein Pferd, seine Arbeit ... eine Konversation, die sich nur um seinen Bauchnabel dreht und damit zum Scheitern verurteilt ist. Was für ein Ego!

Dieselbe Szene: Mann und Frau sitzen an der Bar. Weil sie ihm in einem Telefonat erzählt hat, wie sehr sie Umbrien, Apulien und die Weine dieser Region liebt, hat er bereits einen Montepulciano bestellt. Er lässt sie kosten und sie unterhalten sich über den bodenständigen, feinwürzigen Geschmack, über die Sonne Mittelitaliens, über die letzten Urlaube, über mögliche gemeinsame Fernreisen und vieles mehr. Der Abend klingt für mein Empfinden sehr gelungen. Wie sehen Sie das? Wen hätten Sie lieber als Begleitung: das große Ego von oben oder diesen charmanten aufmerksamen Italienliebhaber?

Ebenso problematisch wie die Egos sind Menschen mit Entertainer-„Qualitäten". Ich rede von denen, denen zu jedem Stichwort ein Witz einfällt, der den Tiefgang eines Kinderplanschbeckens hat. Gern wird so ein Witz auch als Einleitung für eine eigene Geschichte benutzt, so nach dem Motto: „Wo wir gerade darüber sprechen ...“ – und dann wird aus dem Entertainer im Handumdrehen wieder der Ego-Kommunikator.

Ein weiterer Klassiker der Gesprächs-Schreckenskammer ist der Experte, der sein Gegenüber kalt und arrogant behandelt. Statt auf die Körpersprache, Mimik und Gestik seines Gegenübers zu achten oder gar den Blickkontakt zu suchen und zu halten, bombardiert diese Spezies ihre Zuhörer mit Informationen, die jeden Dialog unmöglich machen – Experten haben die Weisheit schon mit der Muttermilch aufgesogen und geben diese unaufhörlich zum Besten. Da bleibt keine Chance, einmal anderer Meinung zu sein.

> Kommunizieren Sie aufmerksam statt egozentrisch, authentisch statt aufgesetzt witzig. Bleiben Sie dabei stets auf gleicher Ebene mit Ihrem Gegenüber. Sonst tappen Sie leicht in eine der E-Fallen.
>
> FLÜSTER TIPP!

So führen Sie unbelastete Gespräche

- ☐ Orientieren Sie sich in Gesprächen an den Bedürfnissen Ihres Gegenübers.
- ☐ Schauen Sie in Sachen Kommunikation auch einmal über den Tellerrand hinaus.
- ☐ Wenn Sie nicht weiterwissen, fragen Sie jemanden, der sich auskennt.
- ☐ Trauen Sie sich, von Standards und Leitfäden abzuweichen.
- ☐ Durchtrennen Sie die Quasselstrippe.
- ☐ Tragen Sie keine Maske.

- ☐ Achten Sie auf die Persönlichkeit Ihres Gegenübers.
- ☐ Schaffen Sie eine Wohlfühlatmosphäre.
- ☐ Lassen Sie sich von Gerüchten und Vorurteilen nicht ablenken, sondern vertrauen Sie auf Ihr Bauchgefühl.
- ☐ Bauen Sie stabile Grundmauern für eine langfristige Gesprächsbeziehung.
- ☐ Inszenieren Sie keine Seifenoper.
- ☐ Werben Sie offen und ehrlich.
- ☐ Lassen Sie sich auf das Abenteuer Kommunikation ein, auch wenn Hindernisse auftauchen.
- ☐ Schenken und schaffen Sie echtes Vertrauen.

3. So werden Sie Kundenflüsterer: vom ersten Lächeln zur wahren Liebe

Sind Sie bereit dazu, ein echter Kundenflüsterer zu werden? Fühlen Sie sich inspiriert, die frisch gewonnenen Einsichten und Kenntnisse im Bereich des F.L.I.R.T.-Sellings sofort auszuprobieren?

Gewappnet mit neuen Erkenntnissen und der Neugierde auf noch mehr Wissen vertiefen wir im Folgenden den Zusammenhang zwischen Privatem und Geschäftlichem, denn beide Bereiche gehören für mich zum Kundenflüstern dazu. Die Übergänge von Beruf und Freizeit sind immer wieder fließend – und kommunizieren müssen wir grundsätzlich so, dass unsere Gesprächspartner miteinbezogen werden. Den dritten Teil des Kundenflüsterers möchte ich gern damit beginnen, Ihnen zu zeigen, was Kundenflüstern für mich im Detail bedeutet und was es ganz sicher nicht ist.

Was ein Kundenflüsterer ist

Wann immer ich in Seminaren, Vorträgen oder auch in Gesprächen mit Freunden den Begriff „Kundenflüsterer" in die Runde werfe, taucht „Der Pferdeflüsterer" auf, ein Film mit Robert Redford – eine durchaus beabsichtigte Analogie, denn bei genauerer Betrachtung geht diese Assoziation genau in die richtige Richtung. Tiere, in diesem konkreten Fall Pferde, leben viel stärker nach ihrem Gefühl als wir. Ohne sich auf ihre Instinkte zu verlassen, laufen sie in freier Wildbahn nämlich ständig Gefahr, ihr Leben zu verlieren oder nicht genug zu essen zu haben. Haben Sie den Film gesehen? Tom Booker (Robert Redford) schafft es, ein nach einem Unfall schwer verstörtes, aggressives Pferd ganz langsam und durch empathische, kontinuierliche Arbeit wieder zutraulich zu machen. Um die Geschichte glaubwürdig zu erzählen, gewann Redford, der auch Regie führte, einen echten Pferdeflüsterer, den Amerikaner Buck Brannaman. Der erklärte sein Vorgehen folgendermaßen: „Jedes Pferd ist ein Individuum, […]. Sie müssen es von innen heraus verstehen, dann ergibt sich das Äußere von selbst."

Diese Erkenntnis lässt sich wunderbar auch auf den Kontakt mit Menschen anwenden, denn die individuelle Ansprache und das Verständnis, von dem Brannaman im Umgang mit Pferden spricht, halte ich auch im Umgang mit Menschen für wichtige Kommunikations-Tools. Natürlich sind Ihre Kunden keine Pferde – doch ein Kundenflüsterer sollte immer bereit sein, das Repertoire des Flüsterns zu erweitern. Wenn zum Beispiel jemand bereits schlechte Erfahrungen mit anderen Verkäufern gemacht hat, vielleicht sogar schon einmal richtig über den Tisch gezogen wurde, muss all das Negative erst einmal wieder ausgeräumt werden, um eine fruchtbare Geschäftsbeziehung aufzubauen. Erst wenn Ihr Gegenüber, wie das Pferd im Film, seine Scheu vor Ihren Intentionen verliert, ist die Basis der Beziehung gesund. Es stellt sich ein gutes Bauchgefühl ein.

Ein charmantes Beispiel für die Bereitschaft, auch unkonventionelle Mittel einzusetzen, um zum Erfolg zu kommen, ist dieses: Eine Kundin von mir verlässt sich im Umgang mit anderen gern auf das Gespür ihres Hundes. Jeder neue Mensch in ihrem Leben muss erst durch die „Hundeprüfung“, egal ob Freund, Kollege, Kunde oder Chef. Sie hat sogar schon einmal eine gut bezahlte Stelle nach zwei Wochen wieder aufgegeben, weil ihr tierischer Freund der Chefin einen Haufen vor den Schreibtisch gesetzt hat. Drei Monate später erfuhr sie, dass eben jene Chefin die Konten ihrer Firma abgeräumt und sich ins Ausland abgesetzt hatte, ohne längst überfällige Rechnungen zu bezahlen. Bis die Mitarbeiter wussten, dass das Unternehmen insolvent war und sie arbeitslos, hatten sie bereits sechs Wochen ohne Bezahlung weitergearbeitet.

Mit einem Augenzwinkern möchte ich Sie als angehende Kundenflüsterer also aufrufen, das „Flüstern“ bei Ihren Haustieren zu üben – oder auch bei den Haustieren Ihrer Nachbarn, sollten Sie selbst keine haben. Ich möchte Sie in jedem Fall dazu animieren, wieder mehr auf Ihre Instinkte zu vertrauen. Wir Menschen neigen nämlich dazu, unser Bauchgefühl so lange zu ignorieren, bis wir unter Bauchkrämpfen leiden. Wir vertrauen Gelerntem mehr als unserer Intuition. Ein Fehler? Da bin ich sicher. Denn unsere Intuition ist gefühltes Wissen. Was können wir also fürs F.L.I.R.T.-Selling aus dem Umgang mit Tieren lernen?

- Eine langfristige, gute Beziehung lässt sich dann aufbauen und bewahren, wenn der Umgang miteinander nicht nur gut durchdacht ist, sondern sich auch gut anfühlt.
- Neugier lässt sich nicht durch ein Übermaß an Überzeugungsarbeit wecken, sondern durch eine gesunde Mischung aus aktiver Akquisition und abwartender Zurückhaltung.
- Es sind die Nuancen, die den Unterschied machen. Nur mit der nötigen Empathie für die Stimmung des Gegenübers lässt sich ein fruchtbarer Dialog führen.
- Um sich aber zum echten Kundenflüsterer zu entwickeln, bedarf es noch einiger weiterer F.L.I.R.T.-Selling-Skills.

Das sollte ein Kundenflüsterer mitbringen:

- Respekt für sein Gegenüber
- aktive und passive Kenntnis der Sprache des Gegenübers
- die Fähigkeit, dem Geschäftspartner Raum zu geben für eigene freiwillige Entscheidungen
- sich selbst zurücknehmen können und trotzdem präsent sein
- in der Lage sein, auf Signale des Gegenübers zu reagieren
- ein Nein akzeptieren können
- „Jahreszeiten" in einer Beziehung akzeptieren können
- Ehrlichkeit und Aufrichtigkeit sich selbst und seinem Geschäftspartner gegenüber
- Mut für das Überwinden von Schwierigkeiten
- die Fähigkeit, eine Geschäftsbeziehung nicht nur anzukurbeln, sondern auch dauerhaft zu pflegen
- fundierte Fach- und Branchenkenntnis

Und das sollte ein Kundenflüsterer nicht tun:

- sich zur Geisel von Verträgen und Leitfäden machen
- nur ans Verkaufen denken
- auf Biegen und Brechen eigene Ziele oder den eigenen Willen durchsetzen
- jede persönliche Regung und Ebene ausschließen
- mit Druck arbeiten und Ängste des Gegenübers fördern
- beim ersten Anzeichen von Misserfolg den völligen Rückzug antreten

- die Bedürfnisse des anderen ignorieren
- den potenziellen Kunden überrumpeln oder überreden
- Rhetorik als Machtinstrument einsetzen
- auf kurzfristigen Erfolg setzen
- sein Produkt nicht kennen und/oder nicht mögen
- Empathie abschalten
- seine Arbeitszeit absitzen
- sich von Vorurteilen leiten lassen
- in Schubladen denken
- einen Vertrauensvorsprung missbrauchen

Ich glaube, Sie können nun ein erstes schönes Bild von dem zeichnen, was einen Kundenflüsterer ausmacht. Wenn Sie sich diese Punkte zu Herzen nehmen, sind Sie den ersten Schritt in die richtige Richtung bereits gegangen. Das alleine genügt jedoch nicht. Ich habe Ihnen lediglich einen Blick auf den Flüsterpfad vermittelt, den wir nun gemeinsam beschreiten werden. Aber betrachten Sie diese Reise im Namen des Kundenflüsterns nicht als vorgegebene Routenplanung: Wie bei einem Navigationssystem führen zahlreiche Wege zum Ziel. Wer einmal vermeintlich falsch abbiegt, kann sein Ziel noch immer erreichen. Lassen Sie sich auf dem Weg Zeit, auch einmal nach links und rechts zu blicken, die Blumen und Bäume am Straßenrand zu betrachten und kleine, aber feine Flüstergeheimnisse zu entdecken und selbst zu entwickeln. Dabei sind Ihrer Kreativität keinerlei Grenzen gesetzt. Denn auch Sie sind, wie Ihr Kunde, ein Individuum, das seinen Weg individuell für sich entdeckt.

Sind Sie nun mit dem Kundenflüstervirus infiziert? Spüren Sie schon, wie sich Ihre innere Haltung zu Ihrem Beruf, den Menschen in Ihrem Arbeitsumfeld und vor allem auch zu sich selbst Schritt für Schritt verändert? Selten hat ein Virus so viel Gutes bewirkt! Also verbreiten Sie ihn ganz ungeniert in Ihrem ganzen Unternehmen und in Ihrem Alltag. Je mehr Mitarbeiter, Kollegen und Freunde sich anstecken, desto besser: vom Pförtner bis zur Vorstandsetage, von Ihrem Friseur bis zum Fußballclub – spinnen Sie ein sich ausdehnendes Netz aus Flüsterern!

Das erste Date – der Beginn einer Liebesgeschichte

Wir sind uns sicher einig darüber, dass in jeder Art des menschlichen Zusammentreffens der erste persönliche Kontakt eine besondere Rolle spielt. Zum einen entscheidet das erste „Date" darüber, ob es ein zweites überhaupt geben wird, zum anderen kann die ganze spätere Beziehung davon abhängen. Das macht es den meisten Menschen nicht gerade leicht. Wir sind aufgeregt, unsicher und machen uns ganz viele Gedanken darüber, wie wir es am besten angehen. Der Druck ist groß. Hinzu kommt das Wissen darüber, dass unser Gehirn ein harter Richter ist. Es urteilt binnen einer Zehntelsekunde darüber, ob wir jemanden sympathisch finden und ihm vertrauen oder eben nicht. Genauso geht es unserem Date-Partner.

Forscher der Universität von Florenz haben 2012 in einer Studie festgestellt, dass unser Gehirn wohl über eine Art „Werkzeugkoffer" verfügt, der die Vertrauenswürdigkeit unseres Gegenübers erfasst. Betrachten wir das rein aus der evolutionären Perspektive, wird schnell klar, wie essenziell diese Toolbox ist. In Situationen, in denen es ums nackte Überleben geht, müssen wir zügig darüber entscheiden können, ob wir gerade Freund und Feind begegnen, ob wir uns entspannen können oder doch lieber schnell weglaufen. Unser Arbeitsalltag lässt die sofortige Flucht jedoch nur selten zu, selbst wenn der Weglaufreflex ausgelöst wird. Wir sollten uns also Mühe geben, dass sich aus dem ersten Date eine große Liebesgeschichte entwickelt – und keine Tragödie.

Zehn Flüsterhelfer für das erste Kundendate

1. Auswahl der Location

... in der Liebesgeschichte
Bereits im Vorfeld haben Sie sich mit Ihrem potenziellen Kunden oder mit einem seiner Mitarbeiter darüber unterhalten, an welchem Ort das Treffen stattfinden soll. So haben Sie erfahren, dass er gern Kräutertee in ungezwungener Atmosphäre trinkt und es lieber mag, sich locker zu unterhalten, als in sterilen Büroräumen zu sitzen und offiziell zu „meeten". Sie haben ein nettes Café in der Nähe seines Büros ausgesucht und einen ruhigen Tisch reserviert. Sie unterhalten sich nicht nur über Geschäftliches, sondern auch über das wunderbare Ambiente, den guten Service und die große Auswahl an Teesorten. Der Funke ist übergesprungen.

... in der Tragödie
Wie üblich haben Sie den Meetingraum im Büro für Ihr Treffen reserviert. Sie haben einige Kekse sowie Kaffee, Sprudelwasser und ein paar Softdrinks organisiert und den Tisch mit Blumen geschmückt. Leider stellt sich während Ihres Treffens heraus, dass Ihr Kunde lieber Kräutertee und stilles Wasser trinkt und gesundheitsbedingt völlig auf Süßigkeiten verzichtet. Er ist außerdem allergisch gegen die Frühlingsblumen, die Sie besorgt haben. Da er sowieso den ganzen Tag in sterilen Büroräumen verbringt, ist Ihr Meeting für ihn nur eines von vielen, das ihm eher wegen seiner Nießanfälle als wegen seines Gesprächspartners oder der Gesprächsinhalte im Gedächtnis bleibt.

2. Pünktlichkeit

... in der Liebesgeschichte
Selbstverständlich sind Sie rechtzeitig vor Ort oder sogar ein paar Minuten zu früh. Schließlich soll Ihr potenzieller Kunde nicht auf Sie warten müssen. Sie zeigen ihm, dass Sie interessiert sind und vermeiden, mit einer Entschuldigung in Ihre Beziehung starten zu müssen. Der erste positive Eindruck ist geschaffen.

... in der Tragödie

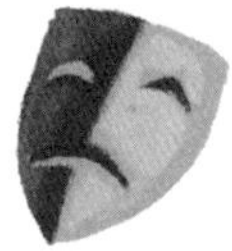

Als Sie den Raum betreten, wartet Ihr Kommunikationspartner schon auf Sie – bereits seit zehn Minuten. Inzwischen hat er sogar überlegt, wieder zu gehen. Sie entschuldigen sich zwar höflich für die Verspätung, haben auch eine gute Ausrede parat. Trotzdem sorgt die Situation nicht gerade für eine gute Ausgangsstimmung. Ihr Kunde nimmt nicht ganz zu Unrecht an, dass Ihnen Ihr Treffen nicht wirklich wichtig ist.

3. Gesprächsstart

... in der Liebesgeschichte

Sie freuen sich auf das Gespräch, haben Lust darauf, Ihr Gegenüber kennenzulernen, und das zeigen Sie. Mit Ihrem gewinnenden Lächeln lockern Sie die Atmosphäre von Anfang an auf und schaffen Sympathie.

... in der Tragödie

Sie sind nervös und angestrengt und man merkt das Ihnen in jeder Sekunde an. Sie können Ihrem Gegenüber kaum in die Augen schauen, Ihre Stimme klingt monoton und gelangweilt und Ihr Lächeln wirkt aufgesetzt.

4. Vorbereitung

... in der Liebesgeschichte

In einem telefonischen Vorgespräch haben Sie sich bereits über die Bedürfnisse und Wünsche Ihres potenziellen Kunden informiert und sich dahingehend vorbereitet. Deshalb sind Sie bestens gewappnet und können leicht auf seine Fragen antworten. Sie strahlen Kompetenz aus.

... in der Tragödie

Sie treffen nun endlich das erste Mal aufeinander und Ihr potenzieller Kunde löchert Sie mit Fragen. Leider können Sie nur auf Allgemeines antworten. Sobald die Fragen individueller werden, müssen Sie ihn um Geduld bitten. Sie machen sich Notizen und wollen seine Fragen schnellstmöglich klären, bieten schnell an, einen neuen Termin zu vereinbaren. Doch als Sie am nächsten Tag deswegen anrufen, wird Ihnen dieses Folgegespräch abgesagt.

5. Interesse

... in der Liebesgeschichte

Sie fragen trotz des telefonischen Erstkontakts noch viel nach, interessieren sich für die Belange und Wünsche Ihres Gegenübers. Weil der Funke übergesprungen ist, erfahren Sie viel Neues. Das vereinfacht Ihnen die weitere Zusammenarbeit und erleichtert die Kundenbindung. Ihr Kunde fühlt sich als etwas Besonderes wahrgenommen.

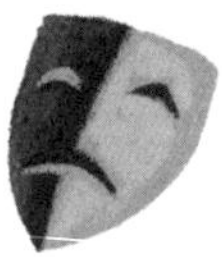

... in der Tragödie

Sie können Ihren Job und wissen, wie es läuft. Deswegen brauchen Sie auch nicht viel nachzufragen. Ihr Gegenüber kommt kaum zu Wort, denn Sie erklären ihm die Welt. So richtig klar ist Ihnen nicht, warum es nie zu einem zweiten Treffen gekommen ist.

6. Mitdenken

... in der Liebesgeschichte

Sie haben bei Geschäftsterminen auch außerhalb des Büros immer einen extra Block und einen firmeneigenen Kugelschreiber dabei, falls sich Ihr Gesprächspartner Notizen machen möchte. Mit diesem kleinen Geschenk sammeln Sie Punkte bei Ihrem potenziellen Kunden. Ferner wird er sich beim nächsten Mal, wenn er den Stift aus der Jackentasche zieht, an Ihr Gespräch erinnern. Sie bleiben dauerhaft im Gedächtnis. Natürlich können Sie auch mit dem Smartphone Ihre eigenen sowie die Notizen des Kunden abfotografieren und diese Fotos später als Service per Mail versenden.

... in der Tragödie

Sie merken sich, was Ihr Kunde gesagt hat. Notizen zu machen, halten Sie für völlig überbewertet. Und da Ihr potenzieller Kunde auch nicht mitschreibt, sieht er das wohl ähnlich wie Sie. Am Ende des Gesprächs bittet er Sie darum, ihm möglichst noch heute eine Zusammenfassung per E-Mail zu schicken, damit er etwas in der Hand hat. Sie sitzen dann über eine Stunde länger im Büro, um dieser Bitte noch nachkommen zu können.

7. Aufmerksamkeit

... in der Liebesgeschichte

Selbstverständlich widmen Sie Ihrem Gegenüber Ihre volle Aufmerksamkeit. Ihr Handy ist zumindest auf lautlos geschaltet und Sie lesen während Ihres Treffens keine E-Mails oder Textnachrichten und führen keine anderen Unterhaltungen am Telefon, selbst dann nicht, wenn Ihr Chef anruft.

... in der Tragödie

Ihr Telefon vibriert ständig. Mal kommt eine E-Mail rein, mal eine Textnachricht. An ein entspanntes Meeting ist nicht zu denken. Und jetzt ruft auch noch Ihr Chef an. Da müssen Sie natürlich drangehen. Sie murmeln noch schnell ein „Sorry, aber das ist wichtig", bevor Sie abheben. Doch egal, was Sie sagen, und selbst, wenn das Telefonat nur ein paar Minuten dauert, zeigen Sie Ihrem Gegenüber, dass er Ihnen in diesem Moment nicht wichtig ist.

8. Begeisterung

... in der Liebesgeschichte

Sie sind von Ihren Produkten oder Dienstleistungen in gesundem Maße begeistert. Man merkt Ihnen einen echten Enthusiasmus an. Wenn Sie erzählen, leuchten Ihre Augen und Sie können Ihre Schilderungen mit persönlichen Anekdoten unterfüttern. Ihre Begeisterung steckt an. Sie haben die erste Saat bei Ihrem Gegenüber ausgebracht. Daraus entwickelt sich zunächst ein zartes Pflänzchen und über die Zeit eine gesunde „Beziehungspflanze".

... in der Tragödie

Dass Sie selbst Ihre Produkte oder Dienstleistungen nicht wirklich spannend finden, spürt Ihr Gegenüber sofort. Ihre Erzählungen klingen abgespult, und im Grunde ist Ihnen auch nicht ganz klar, was Ihr Gegenüber damit anfangen soll. Spätestens jetzt fragt Ihr potenzieller Kunde sich das auch. Ihre Beziehung ist bereits zu Ende, bevor sie richtig begonnen hat.

9. Gesprächsführung

... in der Liebesgeschichte
Sie binden Ihren Gesprächspartner ein und führen echte Dialoge, tauschen sich aus und bleiben stets offen für die Belange Ihres Gegenübers. Es wird viel gelacht und auch die Fakten kommen nicht zu kurz. Am Ende wissen Sie beide, dass das nicht Ihr letztes „Date" gewesen ist.

... in der Tragödie
Sie sehen sich als Dienstleister. Also müssen Sie Ihren Gesprächspartner über alles informieren. Leider haben Sie das Wort „Partner" hier völlig falsch interpretiert. In dieser Partnerschaft spricht nämlich nur einer – und das sind Sie, ein ewiger Monolog. Sie schließen ihr Gegenüber aus und können zusehen, wie er langsam, aber sicher in Gedanken wegdriftet.

10. Manieren

... in der Liebesgeschichte
Auch wenn Sie den Knigge nicht auswendig gelernt haben, ist Ihnen klar, dass Ihre Manieren Ihren Charakter spiegeln. Deshalb behandeln Sie Ihr Gegenüber so, wie Sie selbst gern behandelt werden. Sie hören zu, lassen ihn ausreden und bedanken sich nach dem Termin für die Zeit, die er Ihnen gewidmet hat.

... in der Tragödie
Sie erwarten keine Manieren von Ihren Mitmenschen, weil Sie selbst keinen Wert auf Etikette und Vorgaben legen. Aufgesetztes Getue ist Ihnen zuwider. Sie möchten so gemocht werden, wie Sie sind. Im Grunde kein schlechter Ansatz, weil Sie auch andere so sein lassen, wie sie sind. Dass Sie sich aber nicht einmal an die gängigsten Höflichkeitsformen halten, kommt bei Ihrem Gegenüber nicht gut an.

Sind Sie diese Schritte auf dem Weg zur Liebesgeschichte gegangen? Dann steht einer guten „Beziehung" nichts mehr im Weg. Amors Pfeil hat getroffen!

Seien Sie sich stets bewusst, dass das erste Zusammentreffen mit einem potenziellen Kunden so ist wie ein erstes Date – und bereiten Sie sich genauso sorgfältig darauf vor. Was Sie dabei vermurksen, lässt sich später nur schwer wieder aufholen.

FLÜSTER TIPP!

Amors Pfeil – so schön kann Liebe sein

Können Sie sich noch an einen Moment erinnern, in dem Sie Amors Pfeil ganz unverhofft mitten ins Herz getroffen hat? Das ist dieser Augenblick, in dem eine Menge Wohlfühlstoffe unseren Körper regelrecht zu durchfluten beginnen. Die Wissenschaft spricht unter anderem von Dopamin, das unsere Euphorie auslöst, sowie von Adrenalin und Noradrenalin, die zum Beispiel für das Herzklopfen und die weichen Knie sorgen. Aber auch unser Gehirn spielt dabei eine große Rolle. Wenn wir verliebt sind, wird zum Beispiel die Region des Hirns besser durchblutet, die für Lust zuständig ist. Hirnregionen dagegen, die für Traurigkeit und schlechte Stimmung sorgen, werden einfach abgestellt. Wir befinden uns im Rausch, in einem Ausnahmezustand.

Was empfinden Sie, wenn Sie sich an solch einen wunderbaren Moment erinnern? Wird Ihnen nicht auch gleich warm ums Herz, wenn Sie an die letzte Situation denken, in der die Funken übergesprungen sind? Schließen Sie doch einmal die Augen und träumen Sie sich für einen Moment dorthin zurück. Wie fühlt sich das an? Super, oder?

Bringen Sie sich vor einem Treffen mit Kunden so richtig in Stimmung und vergegenwärtigen Sie sich, wie wichtig das erste Treffen im Privat- und im Geschäftsleben ist. Ganz gleich, wie es danach weitergeht: Dieser Moment bleibt immer positiv im Gedächtnis und ist die Basis jeder Beziehung.

Wenn Amor zum Bogenschützen wird

Fragen wir uns einmal, wann und warum Amor eigentlich trifft. Was macht unser Gegenüber in so einem Moment richtig oder falsch. Ich glaube, der Liebespfeil trifft immer dann, wenn wir emotional berührt werden, wenn unser Gehirn signalisiert: „Das ist ein Freund, das ist kein Feind!“ Aber wann passiert das? Wissenschaftler haben eine simple Antwort: Sie haben herausgefunden, dass am Spruch „Gleich und Gleich gesellt sich gern“ wirklich etwas dran ist. Es gibt zahlreiche Studien, die genau diese Erkenntnis belegen. Mal wird dabei der soziale Status genauer betrachtet, mal geht es um Ziele, Einstellungen oder um Hobbys. Lange stabile Beziehungen werden all jenen zugesprochen, die sich ähnlich sind oder zumindest denken, sie seien es. Auch zahlreiche Dating-Agenturen arbeiten nach dieser einfachen Regel. Teilnehmern werden Männer oder Frauen als potenzielle Partner vorgeschlagen, die ähnliche, wenn nicht sogar die gleichen Interessen haben. Übertragen wir das auf eine Jobsituation, so sind es die ähnlichen Werte, die eine Rolle spielen. Ähnliche Hobbys und Interessen unterstützen sicherlich beim Small Talk, doch die gemeinsamen Werte sind es, die für eine Ebene des Verstehens sorgen und dafür, dass wir auf Augenhöhe kommunizieren.

Beispiel 1 „So trifft Amors Pfeil voll ins Schwarze“

Stellen Sie sich einmal vor, Sie ziehen in eine neue Stadt und sind zum ersten Mal bei einem neuen Zahnarzt, der Ihnen von Ihrem ehemaligen Zahnarzt des Vertrauens empfohlen wurde. Das Erste, was der Neue Ihnen mitteilt, ist, dass er große Teile Ihres Gebisses sanieren muss. Er bittet Sie zu einem separaten Beratungsgespräch. Sie machen also einen Termin, erscheinen pünktlich und haben einige Minuten Wartezeit einkalkuliert. Sie wissen ja, dass immer einmal etwas dazwischenkommen kann. Glücklicherweise werden Sie zur besprochenen Zeit in ein Büro, nicht ins Behandlungszimmer gebeten. Ihr Zahnarzt hat sich bei seinem Vorgänger bereits über bisherige Behandlungen erkundigt und sich ganz individuell mit Ihrem Fall beschäftigt. Er ist außerdem aufmerksam genug, um Ihnen anzusehen, wie nervös Sie sind. Kein Wunder, Zahnarzt war noch nie Ihr Ding und in dem Moment, in dem Sie in diesem Stuhl unter dem grässlich hellen Licht sitzen und die Geräte zu surren beginnen, wird Ihnen regelmäßig schlecht vor Angst. Sie können sich in so einer Praxis einfach nicht entspannen. Das weiß der Arzt und genau deshalb rät er Ihnen für die anstehende OP zu einer Vollnarkose. Er weiß aber auch, dass Sie nicht gern starke Medikamente schlucken, und hat Ihnen bereits einige homöopathische Globuli herausgesucht, die Sie optimal auf die Operation vorbereiten. In verständlicher Sprache, ohne viel medizinisches Fachchinesisch, skizziert er Ihnen die verschiedenen Möglichkeiten und erklärt detailliert, wo Vorteile und Nachteile liegen und warum er Ihnen zu welcher Art der Behandlung raten würde. Sie gehen zufrieden nach Hause und fühlen sich gut aufgehoben. Das ist der Beginn einer guten Arzt-Patienten-Beziehung.

Warum hat Amors Pfeil getroffen?

- Der Zahnarzt weiß, dass viele Patienten nicht die Zeit haben, lange im Wartezimmer zu sitzen. Deshalb hat er den Beratungstermin so gelegt, dass er Sie pünktlich hereinbitten konnte.
- Er hat in einer Sprache mit Ihnen kommuniziert, die Sie beide verstehen und sich nicht hinter Medizinerfloskeln versteckt.
- Er ist auf Ihre Ängste und Bedürfnisse eingegangen, hat Ihnen also besondere Aufmerksamkeit gewidmet, weil er wusste, dass Sie diese brauchen.
- Er war fachlich und persönlich gut vorbereitet.
- Er hat über den Tellerrand geschaut und Sie stimmig beraten.
- Er hat Sie genauso behandelt, wie er selbst gern in einer ähnlichen Situation behandelt worden wäre.

Fazit: Die Kommunikation fand auf Augenhöhe statt. Sie standen im Mittelpunkt, nicht er.

Beispiel 2 „So schießt Amor voll daneben"

Da eine Investition in Zähne in der Regel so viel kostet wie ein neuer Kleinwagen holen Sie natürlich noch eine Einschätzung und ein weiteres Angebot bei einem anderen Dentisten ein. Sie erscheinen auch zu diesem zweiten Arztbesuch ganz pünktlich. Leider dauert es in der neuen Praxis etwas länger. Keiner sagt Ihnen, dass ein Notfall hereingekommen ist, man lässt Sie einfach ahnungslos sitzen. Nach einer Stunde fragen Sie am Empfang nach und bekommen ein „Tja, Notfälle kann man eben nicht voraussehen" zu hören. Auf Ihre Bitte, Ihnen doch zeitnah einen neuen Termin zu geben, weil Sie dringend ins Büro zurückmüssen, gibt es nur ein „Warten Sie doch noch fünf Minuten, dann sind Sie dran". Also setzen Sie sich wieder ins Wartezimmer, aus dem Sie 15 Minuten später ins Behandlungszimmer geführt werden. Der Zahnarzt begrüßt Sie mit den Worten: „Was können wir denn heute für Sie tun?" Er weiß noch nicht einmal, dass Sie nur wegen eines Beratungstermins gekommen sind. Da Implantate sein Fachgebiet sind, kann er spontan reagieren und erklärt Ihnen, wie großartig sein neues Verfahren ist und warum es zurzeit kein besseres auf dem Markt gibt. Vollnarkose sei natürlich eine Grundvoraussetzung, aber bisher wären noch alle wieder aufgewacht, fügt er augenzwinkernd hinzu. Er spricht über seine Artikel in allen wichtigen Fachmagazinen und davon, welche Promis von überall her anreisen, nur um sich von ihm behandeln zu lassen. Sie kommen gar nicht dazu, ihm Fragen zu stellen, denn er spricht ohne Punkt und Komma und schiebt Sie aus dem Sprechzimmer – versehen mit einem Stapel Informationsbroschüren, die Sie direkt vor der Praxistür in den Müll werfen.

Warum hat Amor hier voll danebengeschossen?

- Der Zahnarzt hat Sie ohne Information und trotz Termin über eine Stunde warten lassen.
- Er hatte keine Ahnung, was für ein Mensch ihm gegenübersitzt.
- Er hat sich im Vorfeld nicht mit Ihnen beschäftigt und Sie nervös gemacht, anstatt Sie zu beruhigen.

- Er hat einen Monolog gehalten, anstatt sich mit Ihnen zu unterhalten.
- Er hat versucht, Sie mit Status zu ködern, anstatt Sie ehrlich zu informieren.

Fazit: Die Beratung war kein Gespräch, sondern die Selbstdarstellung eines Arztes. Er stand im Mittelpunkt, nicht Sie.

Leider laufen Beratungsgespräche noch viel zu häufig so ab, wie in Beispiel 2 beschrieben. Die Branche ist dabei nicht entscheidend – so etwas kann Ihnen nicht nur beim Zahnarzt passieren. Doch hier oder auch bei risikoreichen Investitionen, ist die Kommunikation auf Augenhöhe besonders wichtig. Respekt, Glaubwürdigkeit und Wertschätzung für den Menschen, der einem gegenübersteht, spielen dabei eine wesentliche Rolle. Ohne diese Werte entsteht kein Vertrauen. Und ohne Vertrauen schießt Amor daneben.

Warum Amor auch mal den Falschen trifft

Waren Sie schon einmal in den Falschen oder die Falsche verliebt? Sind Sie schon einmal von jemandem in Sachen Vertrauen so richtig hinters Licht geführt worden? Sicher haben wir alle schon solche Erfahrungen gemacht, die wir lange mit uns herumtragen. Trotzdem passiert es uns, dass wir in die gleichen Muster verfallen, obwohl wir es eigentlich besser wissen müssten. Woran liegt das nur?

Wenn wir jemanden zum ersten Mal treffen, dann führt unser Kopf nur einen kurzen Check durch, der nach alten Mustern und Vorlagen sucht – und sie findet. Wir sind nämlich oft gar nicht so flexibel im Kopf, wie wir es uns wünschen. Im Gegenteil: Wir sind Gewohnheitstiere und folgen häufig dem, was wir kennen, unabhängig davon, ob es gut oder schlecht für uns ist. Doch mit der Anzahl der schlechten Erfahrungen und Vertrauensbrüche steigt unser Misstrauen, und wir verschließen uns auch vor dem, was eigentlich gut für uns wäre.

Stellen Sie sich einen Virenscanner auf Ihrem Computer vor. Virenschutzprogramme bieten in der Regel einen Schnellscan an. Die meisten Viren und Trojaner werden auf diese Weise bereits in Kürze problemlos aufgespürt. Aber so richtig sicher, dass alle schädlichen Dateien auf Ihrem Computer gefunden und eliminiert wurden, können Sie nicht sein. Dafür brauchen Sie den vollständigen Scan, der deutlich länger dauert, dafür aber zuverlässiger ist. Der Faktor Zeit spielt eine Rolle.

Als routinierter Berater oder Verkäufer erkennen Sie schnell, wer Ihnen gegenübersteht. Sie entwickeln ein Gefühl dafür, wie Sie Amors Pfeil ganz gezielt abschießen können und den Virenscanner Ihres Gegenübers auf Schnellmodus schalten. Als verantwortungsvoller Berater oder Verkäufer nutzen Sie den Moment, in dem Amors Pfeil trifft, jedoch nicht aus, sondern lassen Ihrem Gegenüber Zeit, um eine echte Vertrauensbasis zu Ihnen aufzubauen. Denn genau dieses Vertrauen brauchen Sie als Basis für eine langfristige Beziehung. Ich halte es da gern mit Friedrich Schiller, der in seiner „Glocke“ so treffend formuliert: „Drum prüfe, wer sich ewig bindet, ob sich das Herz zum Herzen findet! Der Wahn ist kurz, die Reu ist lang.“

Seien Sie bereit, Vertrauen zu schenken und zu empfangen. Seien Sie sympathisch und geduldig. Denn Ihr Gegenüber hat sicherlich auch eine Mutter, die ihm frei nach Friedrich Schiller eingebläut hat: „Drum prüfe, wer sich ewig bindet, ob sich nicht was Besseres findet.“

FLÜSTER TIPP!

Flirtfaktor Selbstbewusstsein

Gehen wir nun mal davon aus, dass Amors Pfeil getroffen hat. Bevor Sie sich jetzt in ein romantisches Abenteuer stürzen, halten Sie einmal einen Moment inne und schauen Sie in Ihren geistigen Spiegel. Was passiert dort gerade? Wie denken Sie über sich? Welche Filme spielen sich in Ihrem Kopf ab? Sind es Komödien? Vermutlich nicht. Denn wir selbst sind unsere härtesten Kritiker. Was sich oft in unserem Kopf abspielt, ist Stoff für Psychothriller oder Horrorfilme, im besten Fall für Tragödien. Wenn wir über uns selbst urteilen, sind wir hauptsächlich eins: „Nicht genug!" Nicht gut genug, nicht intelligent genug, nicht schön genug, nicht gebildet genug, nicht informiert genug, nicht genug vorbereitet, nicht wichtig genug, nicht erfolgreich genug ... Diese Liste lässt sich unendlich fortsetzen und wir sind dabei sehr fantasievoll.

Haben Sie sich in dem einen oder anderen „Glaubenssatz" wiedergefunden? Spielt sich Ihr Self Talk so oder so ähnlich ab? Fühlt sich das gut an? Sicherlich nicht. Dann müssen wir uns doch fragen, warum wir uns selbst so herunterputzen. Warum sind wir so perfekt darin, schlecht über uns selbst zu denken?

Viele Ursachen dafür liegen in unserer Kindheit, in unserer Erziehung und in unserem Umfeld. Hinzu kommt, dass wir uns von Idealen, mit denen uns die Medien verführen wollen, ins Bockshorn jagen lassen. Glauben Sie mir, folgende Szenen gibt es nur in Hollywood und anderen Traumfabriken ...

Klappe, die erste

Eine Frau mit zwei minderjährigen Kindern leitet tagsüber eine erfolgreiche Anwaltskanzlei und backt nach Feierabend noch eine Menge Kuchen für den Kindergeburtstag am nächsten Tag, den sie selbstverständlich ohne Unterstützung und mit 20 weiteren Kindern souverän managt. Jeden Morgen bringt sie ihre Kinder zur Schule, am Nachmittag holt sie die beiden pünktlich ab, fährt sie zum Sport und kauft mit ihnen Kleider ein. Nebenbei wohnt sie, das versteht sich von selbst, in einem New Yorker Penthouse auf 250 Quadratmetern und hat genügend Zeit, um abends ihrem Ehemann die Füße zu massieren. Wie viel auch immer sie auf dem Zettel hat – sie sieht stets aus wie aus dem Ei gepellt. Fast hätte ich es vergessen: Sie trägt auf jeden Fall Kleidergröße XS und geht zwei- bis dreimal die Woche zum Yoga, zur Maniküre und Pediküre.

Klappe, die zweite

Ein Mann mit zwei Kindern leitet tagsüber eine erfolgreiche Anwaltskanzlei. Seine Frau litt lange an einer Krebserkrankung und er hat sie gepflegt, bis sie dann ganz friedlich eingeschlafen ist. Seither kümmert er sich alleine um die gemeinsamen Kinder. Er fährt sie morgens zur Schule und holt sie jeden Mittag pünktlich ab, bringt sie zum Sport und geht mit ihnen zum Shopping. Zum Glück gibt es auch noch die beste Freundin seiner Frau, die auch zu den Kindern ein enges Verhältnis hat und manchmal Retterin in höchster Not ist, wenn es darum geht, mit seiner rebellischen Tochter im Teenageralter über „Frauensachen" zu sprechen. Selbstverständlich ist diese Frau auch immer dann zur Stelle, wenn er im Büro festhängt und die Kinder ein Mittagessen oder einen Fahrdienst brauchen. Wenn schwierige Kundengespräche bevorstehen, holt er sich bei ihr weiblichen Rat ein und manchmal schaut sie einfach im rechten Moment vorbei, wenn er eine Nackenmassage benötigt. Gleichzeitig muss er sich der Avancen seiner vor Liebe zu ihm völlig unterwürfigen Sekretärin erwehren und obwohl er sich eigentlich vorgenommen hat, sich nie wieder zu verlieben, weil er sowohl sich als auch den Kindern einen weiteren Verlust ersparen möchte, heiratet er irgendwann die beste Freundin seiner Frau – alle sind glücklich. Und gleichzeitig holt er einen unschuldig wegen Mordes angeklagten Gutmenschen aus dem Gefängnis.

Werfen Sie die Hollywood-DVDs in Ihrem Kopf in den nächsten Mülleimer und legen Sie ihren persönlichen Reality-TV-Kracher ein. Dann wird der Blick in den inneren Spiegel leichter und viel, viel, viel schöner!

FLÜSTER TIPP!

Die Realität sieht doch so aus: Wir sind häufig mit unseren zahlreichen Pflichten überfordert – sei es, Familie und Karriere easy unter einen Hut zu bekommen oder auch nur in einem von beiden perfekt zu sein. Fakt ist, dass perfekt zu sein, gar nicht so einfach ist, wenn nicht sogar unmöglich. Und dabei machen wir es uns auch noch selbst schwerer als nötig. Das „Nicht genug" gilt eigentlich nur in einem Bereich: Wir sind nicht freundlich genug zu uns selbst. Anstatt uns regelmäßig selbst Freund zu sein, steht unser innerer Kritiker permanent mit einer Peitsche hinter uns und treibt uns weiter, weiter und weiter, bis wir nicht mehr können. Weil er ein Sadist ist, liebt er das Vergleichen und reibt uns ständig unter die Nase, dass unser Nachbar ein größeres Auto fährt, unsere Kollegin die besseren Beiträge in Meetings leistet, die Freundin mehr Geld verdient ... Wieder eine unendlich fortführbare Liste.

Im Büro und im Alltag sehen wir häufig nur „Was kann der, was ich nicht kann?" oder „Was hat sie, was ich nicht habe?". Wenn ich in meinen Seminaren und Vorträgen mit Leuten spreche, bin ich immer wieder überrascht, was da so alles an Vergleichen hervorgezaubert wird. Wir sind wirklich gut darin! Ich halte es dann gern mit dem Philosophen Kierkegaard, der sagt:

> *„Das Vergleichen ist das Ende des Glücks*
> *und der Anfang der Unzufriedenheit."*

Entwickeln Sie einen gesunden Blick für das, was in der Realität für Sie möglich ist und hören Sie auf, sich mit anderen zu vergleichen. Nur wenn Sie nett genug zu sich selbst sind, können Sie zufrieden sein. Es ist doch kein Geheimnis, dass die innere Haltung zu sich selbst einen großen Einfluss auf die äußere Wirkung eines Menschen hat. Wenn Sie sich selbst lieben, werden Sie auch von anderen geliebt. So einfach ist es manchmal.

FLÜSTER TIPP!

Fünf Regiehelfer auf dem Weg zur Liebesgeschichte

Es gibt viele Wege, die dazu führen, dass aus einer Beziehung eine echte Liebesgeschichte wird. Besonders wichtig für unsere Erfolgsstory sind unsere eigenen Gedanken, denn aus Gedanken werden „Dinge“. Im Folgenden möchte ich Ihnen deshalb ein paar Helfer zur Seite stellen, damit Sie zum Regisseur Ihres positiven Self Talks werden.

1. Der gedankliche Neuanfang

Schauen Sie in den Spiegel – ganz real ... Stopp! Kein Grund, sich graue Haare wachsen zu lassen oder Augenringe und Ähnliches zu zählen! Sprechen Sie sich selbst etwas Nettes zu und lächeln Sie sich dabei an. Loben Sie Ihre Frisur, Ihre strahlenden Augen oder sagen Sie sich, wie sehr Sie sich darüber freuen, dass Sie heute früh so gut aus dem Bett gekommen sind. Freuen Sie sich darüber, dass der Kaffee in der Küche dampft – und dass er gleich noch etwas besser schmeckt, weil Sie so gute Laune haben. Fällt Ihnen das schwer? Macht nichts! Es ist ganz normal, dass wir uns ein bisschen unwohl dabei fühlen. Es wird eine Weile dauern, bis Sie es beherrschen, wirklich freundlich zu sich zu sein.

Zu lange währt die Tradition des Sich-selbst-Kritisierens. Umso wichtiger ist es nun, dass Sie diese Routine durchbrechen und immer wieder vor dem Spiegel üben. Versuchen Sie es gleich morgen früh noch einmal und am Folgetag. Am besten halten Sie dieses Ritual 30 Tage lang aufrecht, so lange brauchen wir in der Regel, um neue Gewohnheiten einzuüben (Babauta 2009, S. 48). Probieren Sie es aus!

Übung 1: Die 30-Tage-Übung

Notieren Sie, was Ihnen an sich selbst gefällt, und lassen Sie alle negativen Gedanken über Bauch, Beine, Po weg. Es geht hier nicht um das Visualisieren von möglichen Zielen oder um Eitelkeit. Finden Sie Ihre Schokoladenseite, ihre tollen Eigenschaften, feine Details, die jetzt endlich einmal gewürdigt werden können! Denken Sie zum Beispiel an Ihr Lächeln, Ihre Hände, Füße, Augen und so weiter. Schreiben Sie auf, was Sie an sich mögen. Und nun beginnt die eigentliche Übung: Gehen Sie vor den Spiegel* und sprechen Sie sich selbst zu, was Ihnen an sich selbst gefällt, zum Beispiel: „Ich habe wunderschöne braune Augen, ein herzliches Lachen, glänzendes Haar, großartige dichte Wimpern ... Immer, wenn Sie sich ab jetzt im Spiegel sehen, sagen Sie laut oder flüsternd das Kompliment an sich selbst.

Wenn Sie zu sich selbst „Ich liebe mich von ganzem Herzen" sagen können, dann haben Sie das Flüstern schon richtig verinnerlicht! Genauso gut und förderlich ist auch die Variante „Ich mag mich, meine herzliche Art ...".

Egal, wo Sie sich in den nächsten 30 Tagen „spiegeln", ob im Autorückspiegel, im Schaufenster oder woanders, sagen, murmeln oder denken Sie Ihr Kompliment. Stoppen Sie den Blick auf all das, was Sie nicht haben! Sollte sich der innere Kritiker wieder melden, hören Sie nicht auf ihn und sagen Sie sich sofort Ihr Kompliment. Nach 30 Tagen hat Ihr inneres System eine Veränderung erfahren und Sie werden gestärkt sein.

* nach Hay, Louise

Liste der Komplimente

> Machen Sie sich selbst Komplimente und verpassen Sie Ihrem inneren Kritiker eine positive Einstellung: Dann stoßen Sie auch bei anderen auf positive Resonanz und sind ein attraktiver (Gesprächs-)Partner im Privat- und im Geschäftsleben.

FLÜSTER TIPP!

2. Ihre Qualitäten und Potenziale

Jeder von uns hat eine Menge Qualitäten und Potenziale. Ich versichere Ihnen: Sie auch! Denken Sie einmal darüber nach. Was fällt Ihnen wirklich leicht? Vielleicht sind Sie ja ein guter Stratege und in der Lage, Ziele schon für Jahre im Voraus zu definieren? Oder liegen Ihre Stärken eher in Spontaneität und flexiblem Denken? Sind Sie gar bekannt dafür, ein toller Netzwerker zu sein? Sie kennen einfach jeden und scheuen sich auch nicht, andere an den richtigen Stellen zusammenzubringen? Eventuell sind es besonders die kreativen Aufgaben, die Ihnen gut liegen? Oder sind Sie immer, wenn es darauf ankommt, um die Ecke zu denken, der Richtige für den Job? Es gibt unendlich viele Qualitäten, die wiederum unendlich viel Potenzial bergen.

Denken Sie bitte immer wieder einmal darüber nach, wo Ihre Qualitäten liegen und welche Potenziale sich daraus für Ihren Job ergeben – und schreiben Sie diese auf!

Übung 2: Die Liste meiner Qualitäten und Potenziale

Erstellen Sie eine Liste all Ihrer Qualitäten, die Sie in Ihren Wirkungskreis einbringen. Sie können dafür auch die hier vorgegebene Tabelle nutzen.

Qualität	Potenzial
Ich kann komplexe Sachverhalte gut erklären.	Ich kann bei Neuerungen im Unternehmen das Training von anderen Kollegen übernehmen und bei Change-Prozessen gut als Schnittstelle zwischen Führungsetage und Mitarbeitern wirken.

Qualität	Potenzial

Am besten ergänzen Sie diese Liste um mindestens fünf weitere Punkte. Und immer, wenn Ihnen neue Qualitäten bei sich auffallen, schreiben Sie diese auf. So finden Sie die Potenziale, die in Ihnen stecken. Sie werden schnell bemerken, was Sie alles können und wo Ihre Stärken liegen. Das ist Honig fürs Selbstbewusstsein.

Vergewissern Sie sich regelmäßig Ihrer Qualitäten und Potenziale. Das schafft innere Sicherheit für Sie selbst, Sie bringen beim Kontakt mit anderen diese liebenswerten Eigenschaften auch ins Spiel und erreichen, dass Ihr Gegenüber sich von Ihnen angesprochen fühlt, Ihnen zuhört und sich nicht der Konkurrenz zuwendet.

FLÜSTER TIPP!

3. Das dosierte Eigenlob-Buch

Ja, Sie lesen richtig! Ich möchte, dass Sie sich ein schönes „Eigenlob"-Notizbuch zulegen, in dem Sie all das notieren, was Ihnen an sich selbst gut gefällt. Eigenlob stinkt nämlich nicht! Zumindest dann nicht, wenn es wohl dosiert ist. Ich spreche vom dosierten Eigenlob, weil es nicht darum geht, dass Sie sich aufblasen und in schwindelerregende Höhen fliegen, dass Sie Sätze von sich geben wie „Ich bin Superman" oder „Ich bin die geborene Millionärin und auf dem besten Weg dahin" oder Ähnliches. Sondern es geht darum, einen Blick für das Sprudelnde und Authentische in Ihnen zu entwickeln. Es hat natürlich keinen Sinn, wenn Sie sich selbst belügen. Auch leere Worthülsen sind an dieser Stelle nicht gefragt. Schreiben Sie auf, was Sie an sich selbst schätzen, am besten jeden Tag etwas Neues. Schon bald werden Sie merken, wie viel da zusammenkommt – denn auf Ihre Wertschätzung für sich selbst kommt es an. Und immer dann, wenn Sie einmal keinen guten Moment oder gar einen richtig schlechten Tag haben, schauen Sie in dieses Büchlein ...

Übung 3: Mein Eigenlob-Buch

Kaufen Sie sich ein Büchlein, nicht größer als Din A5, und nutzen Sie es für Ihr Eigenlob-Ritual. In dieses Buch können Sie auch Ihre Komplimente eintragen aus der ersten Übung sowie die Qualitäten und Potenziale. Beim Eigenlob geht es jetzt um Ihre Grundqualitäten und Ihre guten Eigenschaften.

Schreiben Sie auf, was Sie gut können, erkennen Sie Ihre Stärken und guten Charaktereigenschaften.

Ergänzen Sie das „Eigenlob-Buch" regelmäßig und nutzen Sie es als Motivationsbuch, indem Sie immer wieder einmal hineinschauen. Schreiben Sie nur das auf, was wirklich stimmt oder mindestens zu 70 Prozent zutrifft.

Notizen

Genießen Sie sich selbst und das, was Sie an sich mögen. Ihre positive Haltung zu sich selbst werden Sie nach außen hin ausstrahlen und auf andere Menschen übertragen.

FLÜSTER TIPP!

Positive Körpersprache

Eine gesunde innere Haltung wirkt sich auf Ihre Körpersprache aus: Wie wir uns durch Körperhaltung, Gestik und Mimik selbst präsentieren, bestimmt auch darüber, wie andere Personen uns wahrnehmen. Der Faktor Selbstbewusstsein spielt also auch in Sachen nonverbale Kommunikation eine große Rolle.

Wenn ich von eine positiver Körpersprache spreche, dann bedeutet das in erster Linie, dass es auf Offenheit und Zugewandtheit ankommt. Und die fängt bereits mit Ihrer Sitz- oder Stehhaltung an. Wenden Sie sich im Gespräch Ihrem Gegenüber zu und nehmen Sie eine offene Arm- und Beinhaltung ein. Orientieren Sie sich mit Ihrem Körper auf Ihr Gegenüber. Schließlich möchten Sie Interesse signalisieren. Nehmen Sie Augenkontakt auf. Wenn Sie einen Raum betreten, dann tun Sie das nicht vorsichtig und schüchtern, sondern treten Sie auf und zeigen Sie Selbstbewusstsein mit einem aufrechten Gang und einem geraden Rücken.

Grundlegend gilt: Nutzen Sie Ihren Körper als Instrument und setzen Sie ihn für das Spielen mit verschiedenen Nuancen ein. Wenn Sie Ihre Gestik und Mimik gelassen auf den Gesprächs- oder Verhandlungspartner ausrichten, zeigt das auf alle Fälle Wirkung.

Übrigens: Körpersprache ist auch am Telefon hörbar. Probieren Sie es aus!

Übung 4: Körpersprache und ihre Auswirkungen

Schnappen Sie sich einen Freund oder Kollegen und telefonieren Sie mit ihm:

a) im Stehen und schauen Sie dabei zu Kollegen, aus dem Fenster oder anderswohin
b) beim langsamen Gehen
c) während Sie Kaffee kochen

d) während Sie sich leger im Bürostuhl zurücklehnen und mit dem Stuhl wippen
e) während Sie aufrecht sitzen und sich Ihren Gesprächspartner vorstellen, ihn gewissermaßen vor sich sehen
f) während Sie aufrecht sitzen und irgendwohin schauen, Kollegen, Ihre Kinder oder etwas anderes, das Ihr Interesse anzieht, beobachten
g) im Liegen
h) während Sie nebenbei E-Mails lesen

Ich verspreche Ihnen, Ihr Gesprächspartner wird jede Veränderung an Ihrer Stimme und Ihrer Art zu sprechen bemerken. Wenn er ein aufmerksamer Zuhörer ist, wird er Ihnen sogar ziemlich detailliert sagen können, in welcher Haltung Sie sich befinden und was Sie noch tun, während Sie ihm zuhören. Woran liegt das?

a) An der Atmung: Wenn Sie ruhig und souverän stehen oder sitzen, können Sie am besten atmen und klingen daher stimmig. Wenn Sie liegen oder sich in einem Sessel lümmeln, atmen Sie flacher und Sie klingen schnell nasal.

b) An den Nebengeräuschen: Wenn Sie sich nebenbei auch nur mit der Maus durch einige Internetseiten klicken, ist das hörbar. Viele Telefone oder Kopfhörer verstärken nämlich Nebengeräusche.

c) Am Fokus: Wenn Sie, während Sie telefonieren, gleichzeitig E-Mails checken, etwas anderes lesen oder andere Menschen beobachten, verändert sich Ihr Fokus und Sie sprechen und klingen unaufmerksam. Sie verlieren Ihre Präsenz.

Notizen

Achten Sie in jedem Gespräch auch auf Ihre nonverbale Kommunikation. Nur wenn diese kongruent zur verbalen Kommunikation verläuft, sind Sie glaubwürdig – und damit ein interessanter Gesprächspartner.

FLÜSTER TIPP!

5. Liebe zur Arbeit

Ich bin überzeugt davon, dass wir das, was wir tun, unbedingt lieben müssen, um es gut zu machen. Stellen Sie sich vor, Sie leiten eine PR-Agentur und promoten in erster Linie Heavy-Metal-Bands. Sie kennen jeden Musikredakteur beim Vornamen, Sie sind regelmäßiger Gast auf dem Open-Air-Festival in Wacken und trotzdem schaffen Sie es nicht, die Künstler, mit denen Sie arbeiten, stimmig in den Medien zu platzieren.

Das könnte daran liegen, dass sich Ihr Musikgeschmack mit den Jahren verändert hat und Sie privat lieber Singer-Songwriter-Pop von James Blunt oder Sheryl Crow hören. Wenn Sie nach Feierabend Konzerte besuchen, sind es vielleicht inzwischen Kammerkonzerte der Philharmoniker. Oder man trifft Sie bei Helene Fischer. Wenn es dann doch ein Heavy-Metal-Konzert sein muss, verschließen Sie Ihre Ohren mit den dichtesten Ohrstöpseln, die Sie finden können, und Sie tummeln sich, wann immer Sie können, im Backstage-Bereich, wo das Catering aufgebaut ist. Im Grunde kommt Ihnen jedes Mal das Grausen, wenn ein neuer Metal-Vertreter Ihnen eine CD zum Reinhören schickt. Natürlich wundert es dann nicht, wenn der große Erfolg ausbleibt.

Dieses Beispiel ist extrem, doch was ich damit sagen möchte, ist, dass Sie als Musikpromoter unbedingt auch Musik promoten müssen, die Sie wirklich mögen, dass Sie von „Ihrem" Produkt oder „Ihrer" Dienstleistung zu 100 Prozent überzeugt sein müssen. Um im Bild zu bleiben: Wie wollen Sie sonst einem Redakteur, der jeden Tag um die 20 neue CDs auf dem Tisch liegen hat, ein Thema schmackhaft machen, von dem Sie selbst nicht hundertprozentig überzeugt sind? Klar: Sie sind Profi genug und können so lange argumentieren, bis er Ihnen eine CD-Kritik verspricht und nur noch froh ist, dass Sie endlich aus der Leitung gehen. Wie diese Kritik jedoch ausfällt, ist fraglich, und für Ihre weitere Zusammenarbeit ist das sicherlich auch keine gute Ausgangsposition. Betrachten Sie es einmal aus Kundensicht: Möchten Sie, dass jemand Sie nach außen hin vertritt, der das, was Sie mit größter Leidenschaft tun, gar nicht mag? Ich bin sicher, Ihre Antwort lautet: Auf keinen Fall!

Schauen wir uns doch mal an, was mit Ihnen passiert, wenn Sie mit einem Produkt oder einer Dienstleistung nach außen gehen, das Ihnen selbst nicht gefällt: Unser Gehirn ist von Natur aus so programmiert, dass wir nach Positivem streben. Wir wollen mit Glückshormonen befriedigt werden. Und bei Misserfolgen werden unsere Endorphine und Co. nicht ausgeschüttet. Wenn Sie etwas tun, das Sie nicht mögen, dann tun Sie etwas, gegen das sich Ihr Körper von Natur aus wehrt. In dem Fall ist es sogar zwecklos, sich Tipps und Tricks anzueignen: Ihr Körper sträubt sich trotzdem – und das Gegenüber spürt, dass da etwas nicht ganz stimmt. Außerdem sind wir nur dann, wenn wir wissen, dass wir unser Bestes gegeben haben, mit uns selbst zufrieden. Unser Bestes können wir aber nur dann geben, wenn wir das, was wir tun, auch lieben.

Es gibt also nur zwei Möglichkeiten: Entweder Sie lernen, das zu lieben, was Sie tun, oder Sie suchen sich etwas zu tun, das Sie lieben. Natürlich hat jeder Beruf seine positiven und seine negativen Seiten – und wir können nie jeden kleinen Aspekt daran richtig gut finden. Umso wichtiger ist es deshalb, dass Sie Ihr Produkt oder Ihre Dienstleistung wirklich gern mögen. Nur wenn Sie eine grundsätzlich positive Haltung dazu entwickeln, können Sie auch mit negativen Seiten entspannt umgehen. Finden Sie die Seiten, die Sie immer wieder begeistern können! Beleben Sie die guten Aspekte Ihres Berufes – jeden Tag neu! Kleinigkeiten bringen Sie dann nicht aus Ihrem Rhythmus. Sie gehen zufriedener und glücklicher durch den Arbeitsalltag. Und sie haben mehr Erfolg.

Übung 5: Liebe zur Arbeit

Schreiben Sie ab heute 14 Tage lang jeden Tag auf, was Sie an Ihrer Arbeit, Ihrem Arbeitsplatz, Ihren Kollegen, Ihrem Unternehmen, an den Produkten oder Ihren Projekten mögen!

Räumen Sie in Ihrem Kopf mit allem Ärger und Unmut auf, lassen Sie diesen bewusst ruhen und gehen Sie einfach nicht gedanklich darauf ein! Widmen Sie sich in diesen 14 Tagen nur dem, was gut ist! Beobachten Sie, schauen Sie und schreiben Sie auf! Jede Kleinigkeit zählt.

Themen könnten sein:
Toll ist
... an meinen Kollegen ...
... an meiner Arbeit ...
... an meinem Arbeitsplatz ...
... an meinem Unternehmen ...
... an meinen Projekten ...

Notizen

Finden Sie jeden Tag erneut einen Grund, Ihre Arbeit zu lieben, finden Sie die Perle in jeder Aufgabe. Wenn Sie jedoch mit Ihrer Arbeit wirklich unglücklich sind, dann suchen und finden Sie die Aufgabe, die Sie wirklich gern tun. Denn nur die werden Sie dauerhaft wirklich so erfüllen, dass Sie selbstbewusst und zufrieden auftreten können.

FLÜSTER TIPP!

Souveränität und Balance – auf die inneren Werte kommt es an

Wir kennen das doch alle: Wie oft gehen wir genervt durch den Tag und lassen uns aus der Balance bringen. Der Computer zickt, der Chef lässt seine schlechte Laune an uns aus, ein Kunde ist aggressiv, oder wir stellen fest, dass wir, ganz selbst verschuldet, eine Aufgabe so richtig in den Sand gesetzt haben. Das kratzt an unserem Selbstwertgefühl und an der Balance. Da können wir noch so selbstbewusst sein. Manchmal sind es Menschen, die wir einfach nicht ertragen können, manchmal sind es Situationen, die einen plötzlich vor unlösbar scheinende Probleme stellen. Und was tun wir? Wir konzentrieren uns darauf, was alles nicht läuft, wer uns Steine in den Weg legt – selbstverständlich nur, um uns persönlich auf die Nerven zu gehen ... – und wer sich alles beschwert. Damit fokussieren wir uns auf jede Menge Negatives. Ganz klar, dass wir nicht stabil und souverän wirken – und uns auch gar nicht so fühlen. Dabei ist es besonders am Anfang einer Kunden-, Kollegen- oder Mitarbeiterbeziehung so wichtig, eine positive Einstellung auszustrahlen.

An dieser Stelle folgt deshalb eine gute Nachricht: Es gibt zahlreiche Möglichkeiten, um Souveränität und Balance zu trainieren. Es geht dabei um die Haltung, die Sie durch die Stärkung Ihrer inneren Werte erhalten. Hier möchte ich gern wieder auf Ihr Selbstbewusstsein zurückkommen: Um selbstbewusst zu sein, müssen Sie sich Ihrer selbst bewusst sein und die Punkte finden, an denen Sie arbeiten können.

Der Körper

Es heißt: „mens sana in corpore sano“ oder „ein gesunder Geist in einem gesunden Körper“ – dieses lateinische Sprichwort hat sich nicht ohne Grund schon beinahe 2000 Jahre gehalten. In die Moderne übersetzt bedeutet das nicht nur, sich regelmäßig zu bewegen, sondern auch, darauf zu achten, was Sie essen und trinken. Und Sie wissen natürlich, dass Alkohol, Zigaretten und Crash-Diäten Ihrer Gesundheit nicht zuträglich sind. Keine Sorge, ich halte jetzt keinen Vortrag über gesunde Ernährung oder über den ultimativen Sport. Ich möchte Ihnen lediglich vor Augen führen, wie wichtig es ist, dass Sie mit sich selbst und Ihrem Körper achtsam umgehen. Und das kann sogar ziemlich leicht sein – laut TED-Talkerin und Bestsellerautorin Jane McGonigal (www.janemcgonigal.com), die behauptet: „Jede Sekunde, die Sie nicht still sitzen, stärken Sie aktiv Ihr Herz, Ihre Lunge und Ihr Gehirn!“ Hört sich das nicht großartig an? Wenn Sie also während der Arbeit einfach einmal aufstehen und um den Block gehen, verbessert das Ihre Gesundheit. Selbst wenn Sie sich gelegentlich am Schreibtisch aktiv strecken, tun Sie etwas für Ihre Gesundheit. Das Schöne ist: Sie können dabei nur gewinnen. Ich verspreche Ihnen, Sie werden schnell merken, dass Sie sich wohler fühlen. Und wer sich wohlfühlt, strahlt von innen nach außen.

Die Seele

Es ist bemerkenswert, dass wir oft über einen längeren Zeitraum gar nicht wahrnehmen, wie sehr unsere Seele aus dem Gleichgewicht geraten ist. Wir hetzen so durchs Leben, dass nicht einmal dafür genug Zeit bleibt. Dabei reichen manchmal schon wenige Momente des „Die-Seele-baumeln-Lassens“, um wieder klarer zu sehen. Auch an dieser Stelle möchte ich gern noch einmal auf Jane McGonigal zurückkommen. In ihren TED-Talks lässt Sie die Zuhörer an Tierbabys denken oder Fotos von Tierbabys googeln, um emotionale Widerstandskraft zu erlangen, indem positive Gefühle wie Neugier und Liebe erzeugt werden. Sie können auch Kinderfotos anschauen oder einen Song hören, den Sie gern mögen: Es ist einzig und allein wichtig, dass Sie positive Gefühle erfahren, wenn Sie diese am nötigsten haben. Sie finden, das klingt kinderleicht? Ist es auch! Probieren Sie es aus!

Eine Strategie, die wir alle perfektioniert haben, ist die: Wir lächeln, obwohl uns gar nicht danach zumute ist, denn wir haben uns antrainiert, gute Miene zum bösen Spiel zu machen. Um Konfrontationen aus dem Weg zu gehen, haben wir Ausweichmethoden entwickelt. Wir haben verstanden, dass mit Kunden oder Vorgesetzten zu diskutieren, viel mehr Stress verursacht, als die Beschwerden des Gegenübers einfach abprallen zu lassen. An dieser Fassade haben wir lange gearbeitet, wir haben Seminare besucht und gelernt, das jeweilige Problem für den Moment auszublenden. Leider funktioniert das nie für lange. Trotz unseres Schutzpanzers können wir nämlich nur ein bestimmtes Maß an Schlechtem und Unfairem aushalten. Irgendwann, wenn sich unser Pech genau im falschen Moment Bahn bricht, bröckelt unsere Fassade, und unser Gegenüber, wer auch immer das in diesem Augenblick sein mag, erlebt einen Vulkanausbruch. Das ist ganz natürlich und liegt daran, dass wir Unmengen von Energie in unseren zugelegten Panzer gesteckt haben, anstatt diese für positive Gedanken zu nutzen, um gestärkt auch in konfrontative Gespräche gehen zu können. Kein Wunder, dass wir da aus der Balance geraten! Füllen wir also unsere Seele mit Positivem und sorgen wir dafür, dass sich nichts aufstaut!

Sorgen Sie regelmäßig für Ihre innere Balance. Dazu gehört es auch, dass Sie sich um sich selbst kümmern. Sonst geht Ihnen viel Lebensfreude verloren. Wer innerlich ausbalanciert ist, überträgt Entspannung, Gelassenheit und Lebensfreude auf sein Gegenüber.

FLÜSTER TIPP!

Stabilität und Ausgerichtetheit – stehen wie ein Baum

In diesem Kapitel möchte ich Ihnen drei Übungen vorstellen, mit denen Sie Ihren Körper und Ihre Seele leicht in Einklang bringen können. Was nützt das? Die Deckungsgleichheit von dem, was wir innerlich fühlen und äußerlich zeigen, macht uns glaubwürdig und interessant. Außerdem sorgt sie dafür, dass wir ernst genommen werden und man uns vertraut – wichtige Punkte in der Kommunikation, nicht wahr? Wenn unser Körper und unsere Seele zusammenklingen, ist unsere Persönlichkeit stimmig und wir leben in Balance.

Übung 6: Das Gespräch mit dem Spiegel – Übung für Fortgeschrittene

Sie haben sich selbst mit immer wieder neuen Komplimenten überrascht (siehe Übung 1) und sind nun bereit für den nächsten Schritt – hier folgt Ihre weiterführende Übung: Blicken Sie morgens in den Spiegel und heißen Sie den Tag ganz herzlich willkommen. Erzählen Sie Ihrem Spiegelbild, was Ihnen heute alles Wunderbares widerfahren wird und worauf Sie sich freuen. Sie werden sehen: Das stabilisiert Sie nachhaltig, besonders wenn Sie es öfter tun.

Übrigens: Selbstgespräche sind vollkommen normal und keineswegs seltsam. Wir tun es ständig in Gedanken und wenn wir laut mit uns sprechen. Sie sind also kein Freak, nur weil Sie mit sich oder Ihrem Spiegelbild ins Gespräch gehen – versprochen!

Notizen

Sicherlich kennen Sie Situationen, in denen Sie sich sicher und in sich ruhend fühlen, in denen Sie mentale Standfestigkeit und Erdung spüren. Umgekehrt fühlen Sie sich vielleicht auch manchmal wie ein Baum, dessen Wurzeln keinen Halt mehr in der Erde haben. In so einem Fall ist das Umkippen vorprogrammiert. Vielleicht schwanken Sie zunächst ein bisschen, fangen sich wieder, aber auf Dauer werden Sie fallen.

Ich möchte im Bild des Baums bleiben, denn die Vorstellung von diesen stabilen Pflanzen kann uns dabei helfen, uns wieder zu verwurzeln, Kraft und Stabilität zu erlangen. Die folgende Übung ist eine uralte Kunst aus dem Qigong, mit der man seine Batterien wieder aufladen kann. Sie spielt auch in den Kampfkünsten Chinas eine wichtige Rolle und heißt „Zhang Zhuang Qigong“ – die „Stehende Säule“ oder „Stehen wie ein Baum“.

Übung 7: Stehende Säule oder Stehen wie ein Baum (Zhang Zhuang Qigong)*

1. Stellen Sie die Beine hüftbreit nebeneinander auf (nicht zu breit).

2. Drehen Sie die Fußspitzen ganz leicht nach innen.

3. Gehen Sie nun ein kleines Bisschen in die Knie (minimal, nicht durchdrücken). Stellen Sie sich kurz vor, wie Sie sich auf einen Stuhl setzen würden. Das hilft für Punkt 4.

4. Nun stellen Sie sich vor, an Ihrem Steißbein würde ein Gewicht nach unten ziehen. Diesem Zug nach unten folgen Sie, indem Sie leicht sinken. Das Hauptgewicht Ihres Körpers sollte sich jetzt im Bereich der Fersen absetzen (und nicht in den Fußballen). Damit schonen Sie Ihre Knie und dehnen („öffnen") die Lendenwirbelsäule.

5. Dann führen Sie die Arme leicht, aber mit Energie, kraftvoll nach vorne, so, als ob Sie einen Baum umarmen wollten. Wichtig: Der Kreis, den die Arme jetzt ausführen, ist nicht leer! Sie umarmen einen Baum, ohne sich zu verkrampfen. Die Arme haben einen leichten Widerstand, als wenn jemand dagegen drückt. Und die magische Zutat nicht vergessen: Lächeln!

Bleiben Sie in dieser Position so lange, wie Sie können, und spüren Sie, wie sich Ihr Körper dabei wieder mit der Erde verwurzelt und zurück in Stabilität und Balance findet. Führen Sie diese Übung am Anfang nur zwei bis drei Minuten aus, da sonst schnell die Schultern wehtun. Ziel ist es, jeden Tag zehn Minuten oder ein bisschen mehr zu üben. Das wirkt Wunder!

Wichtig ist, dass Sie sich einen Partner suchen, der a) gegen die Arme drückt, damit Sie ein Gefühl für den „Widerstand" haben, und der b) versucht, Sie seitlich wegzuschieben. Der Partner greift an Ihre Seite,

* mit freundlicher Unterstützung von Stefan Frey

während Sie stehen, und drückt Sie weg. Sie bleiben stabil stehen. Das klappt meist sogar schon sehr schnell!

Das Entscheidende bei dieser Übung ist die Beinhaltung insgesamt, von den Füßen über die Knie bis zum Po.

Machen Sie die Gegenprobe und stellen Sie sich ganz normal hin: Sie werden sehen, wie einfach Sie jetzt den anderen wegschieben können.

Notizen

In Stresssituationen fühlen wir uns völlig energielos und haben das Gefühl, neben uns zu stehen. Bei Überforderung fehlt oft der Antrieb, überhaupt etwas zu tun. Das Ergebnis: Wir resignieren körperlich und seelisch, um die ständigen Strapazen auszublenden, werden ohnmächtig und lethargisch. Um Energie zurückzugewinnen und wieder Stabilität zu erlangen, setzen die Asiaten verschiedene Energieübungen ein – zum Beispiel die Aufnahme von Erdenergie, eine Methode, die im Qigong praktiziert wird.

Übung 8: Aufnahme von Erdenergie

1. Stellen Sie sich locker, leicht breitbeinig hin (hüftbreit).

2. Stellen Sie sich vor, Sie stehen auf angenehm warmer Erde. Nun stellen Sie sich vor, wie Sie diese kraftvolle Erdenergie über die Füße aufnehmen. Lassen Sie diese Energie über die Beine bis in den Bauchraum wandern (wie warmes Wasser, das aufsteigt – oder wie ein feiner Nebel).

3. Sammeln Sie die positive Energie im Bauchraum.

4. Im nächsten Schritt schicken Sie alles, was Sie belastet, ärgert, alles Dunkle und Negative als dunklen Rauch in den Bauchraum. Nun stellen Sie sich vor, wie das Ganze wie bei einer Waschmaschine im Bauchraum kreist, schicken Sie dann den dunklen Rauch auf dem umgekehrten Weg durch die Beine in Richtung Erde, und geben Sie diese negative Energie in Form von schwarzem Rauch nach unten hin ab.

5. Wiederholen Sie diesen Kreislauf für zwei bis fünf Minuten und schließen Sie die Übung immer mit der Aufnahme von positiver Erdenergie ab. Legen Sie dabei die Hände auf den Bauch und genießen Sie die gesammelte Stärke.

Notizen

Die sieben Basics des Kundenflüsterns

Im ersten Schritt der „Grundausbildung zum Kundenflüsterer" habe ich den Fokus auf das Thema Selbstbewusstsein gelegt. Nun, im nächsten Schritt, treten wir in den Bereich des Advanced-Trainings ein und gehen gemeinsam in den direkten Flüster- und F.L.I.R.T.-Kontakt mit dem Kunden. Es sind die sieben magischen Geheimnisse, die Ihnen im Folgenden offenbart werden: Wenn Sie diese beherzigen, dann schaffen Sie auf jeden Fall eine gute Basis für Ihre erfolgreichen Beziehungen!

1. Seien Sie ganz Sie selbst!

> *„Sei ungewöhnlich, sei schräg und speziell.*
> *Sei extravagant und originell.*
> *Mit eigenem Stil wie sonst keine Person.*
> *Sei ganz du selbst, denn alle anderen gibt es schon!"*
>
> (MARY ROOS, REFRAIN DES SONGS „EINZIGARTIG")

Sie sagen jetzt vielleicht ganz automatisch: Wer soll ich denn sonst sein? Ich bin doch immer ich selbst. Doch ganz so selbstverständlich, wie es klingt, ist es natürlich gar nicht. Stichwort: Authentizität! Ich gebe zu, dieses Wort wird ein wenig überstrapaziert. Aber trotzdem trifft genau dieses magische Wort den Kern von Aussagen wie „Ich bleibe mir selbst treu", „Ich treffe Entscheidungen gemäß meinen Erfahrungen" oder „Ich handle nach bestem Wissen und Gewissen". Wer keine Maske trägt, schafft gute Grundvoraussetzungen für eine gelungene Kommunikation und für echte Zufriedenheit bei der Arbeit und im Privatleben.

Die Süddeutsche Zeitung berichtete im April 2015, dass die Führungskräfteakademie der Wirtschaft zum Thema Authentizität schon mehrere Studien durchgeführt hat: Alle kamen zu dem Ergebnis, dass Authentizität die wichtigste Eigenschaft für einen guten Manager ist! Selbst Fachkompetenz, Einfühlungsvermögen oder Belastbarkeit konnten bei diesem Ranking nicht mithalten.

In unserem Bemühen um Erfolg und Verkaufszahlen schlüpfen wir gewohnheitsmäßig gern in große Rollen, um unser Gegenüber zu beeindrucken oder zu inspirieren. Doch was nützt es uns langfristig gesehen, wenn wir vorgeben, „Superman“ zu sein, während wir in Wirklichkeit eher „Donald Duck“ sind? Dieser Höhenflug wird schneller beendet sein, als wir uns das feuerrote Cape mit dem magischen „S“ umwerfen können. Oder mögen Sie Menschen, die Ihnen etwas vormachen? Seien Sie sicher: Ihre Kunden ticken genau wie Sie.

Doch Vorsicht, eine schrankenlose Öffnung Ihres Herzens in purer Offenheit und Ehrlichkeit kann auch nach hinten losgehen. Sie müssen die Balance wahren! Denn wenn Sie als Manager Ihrer Abteilung gegenübertreten und über herausragende Jahresergebnisse sprechen, dann sollten Sie Ihrem Team nicht sagen, dass Ihnen eigentlich zum Heulen zumute ist, weil am Wochenende Ihr Hund gestorben ist. Wenn Sie wütend auf einen Mitarbeiter sind, sollten Sie ihn trotzdem nicht anbrüllen, auch wenn Ihnen sehr danach ist. Und wenn ein Kunde Ihnen auf die Nerven geht, weil er mehrmals täglich anruft, wird der auch nicht begeistert sein, wenn Sie ihm entschieden mitteilen, dass er Ihnen auf den Wecker geht. All das wäre sicher auch authentisch, doch ganz bestimmt nicht optimal für Ihre Beziehungen.

Ein Beispiel: Ich hatte vor gut einem Jahr eine interessante Unterhaltung mit einer Freundin. Sie war damals sehr unglücklich in Ihrem Job und es war nicht das erste Mal, dass es ihr bei der Arbeit so erging. Neulich traf ich sie wieder zum Kaffee und sie erzählte mir, sie habe kurz nach unserem letzten Gespräch ihren Job und ihre Wohnung gekündigt, einen großen Teil Ihres Hab und Guts verkauft und sei mit Ende 30 für ein Jahr nach Irland gegangen. Sie hielt sich mit Gelegenheitsjobs auf Farmen über Wasser und liebte jede Sekunde davon. Ich war ziemlich perplex, als ich von dieser Entscheidung hörte und es überraschte mich, mit welcher Konsequenz sie ihr Vorhaben in die Tat umgesetzt hatte. Was mir jedoch sofort auffiel, war das Strahlen in ihren Augen und die Entspannung in ihren Gesichtszügen. Sie erklärte mir, dass sie der Sache mit dem Unglücklichsein auf den Grund gegangen war und herausgefunden hatte, dass sie über Jahrzehnte ein Leben gelebt hatte, das von Wünschen und Erwartungen anderer bestimmt gewesen war, und dass sie dabei immer weniger realisiert hatte, was sie selbst wirklich wollte. Ihre Eltern hatten darauf bestanden, dass sie Jura studierte. Nach Ihrer Zulassung als Anwältin bekam sie sofort ein Angebot von einer Bank, zu dem ihre Freunde und ihr Partner ihr rieten mit Argumenten wie „So einen Job bekommt man nur ein Mal im Leben!“ und „Wenn ich so viel verdienen würde ...!“. Sie selbst wäre lieber ins Ausland gegangen und hätte dort in Ruhe überlegt, wie sie ihr Leben weiter gestalten möchte, doch sie ließ sich überreden und vom Geld locken. Seither wechselte sie jahrelang von Job zu Job und war immer unglücklich, ganz gleich, wie viel sie verdiente. Nach einem Jahr Irland wusste sie glasklar, wohin ihre Reise gehen sollte: Sie absolvierte eine Coachingausbildung, kaufte sich ein altes Bauernhaus, baute es in ein Hotel mit nur wenigen exklusiven Zimmern um und bietet seither Coachingwochenenden für gestresste Manager an.

Warum erzähle ich das? Weil diese Geschichte veranschaulicht, wie wirksam die Aufforderung „Seien Sie ganz Sie selbst!“ umgesetzt werden kann – und wie wichtig es für eine gelungene Beziehung im Privaten und im Geschäftlichen ist, dass Sie genau das leben und arbeiten, was Sie selbst mögen. „Verkaufen“ Sie sich, Ihre Produkt oder Ihre Dienstleistung, ohne aufzuschneiden, zu übertreiben oder gar zu fälschen. Wenn Sie authentisch sind, dann benötigen Sie keine Maske. Ihre Kommunikation ist stimmig, glaubwürdig und vertrauenerweckend.

> Begegnen Sie sich und anderen offen und ehrlich. Um einen guten Beziehungsgrundstein zu legen, müssen Sie nicht alles zeigen, aber alles, was Sie zeigen, muss authentisch sein.

FLÜSTER TIPP!

2. Ein Blick sagt mehr als 1000 Worte

„Ich schau dir in die Augen, Kleines."

(HUMPHREY BOGART IN „CASABLANCA")

Das ist ein zeitloses und auch in Sachen „Kundenflüstern" wichtiges Filmzitat, das wohl jeder kennt. Humphrey Bogart schaut Ingrid Bergmann in besagte Augen und möchte in dieser Abschiedsszene Vertrauen und Verlässlichkeit signalisieren – genau darum geht es in unserem Advanced-Training. Der Gesichtsausdruck und die Augen eines Menschen sagen mehr aus, als rein verbale Kommunikation je ausdrücken könnte. Wussten Sie, dass wir sogar über die Augen eindeutig identifiziert werden können? Kein Mensch hat dieselbe Zeichnung in der Iris. Das lässt wohl auch den Schluss zu, dass unser Blick höchst individuell ist. Und warum sagt dieser Blick mehr als 1000 Worte? Weil wir trotz meisterlicher schauspielerischer Leistungen unsere Gefühle nicht verstecken können. Unsere Augen verraten, ob wir aufmerksam, ehrlich, traurig, wütend oder auch ängstlich sind. Nicht umsonst heißt es: „Die Augen sind der Spiegel unserer Seele." Unterschätzen Sie aus diesem Grund nie die Wirkung nonverbaler Kommunikation. Setzen Sie diese lieber gekonnt ein.

Schon zur Begrüßung sollten Sie Ihrem Gegenüber in die Augen sehen. Aber Achtung, die Wissenschaft spricht von drei Sekunden und davon, dass alles, was darüber hinausgeht, mehr als das reine Interesse an einem guten Gespräch signalisiert. Probieren Sie es gern aus: Wenn Sie einen Menschen treffen, den Sie bisher nicht kannten, achten Sie einmal darauf, wie lange Sie ihm wirklich in die Augen schauen möchten und können, ohne dass es ein mulmiges Gefühl in Ihnen auslöst. Das sind in der Regel ungefähr diese drei Sekunden. Liebende, die gegenseitig in ihren Blicken versinken, schaffen das sicherlich deutlich länger, doch als Geschäfts- und Gesprächspartner sollten Sie das Flüstermaß nicht überschreiten.

Auch während des Gesprächs empfehle ich Ihnen, den Blickkontakt immer wieder zu suchen. Vermeiden Sie jedoch auf jeden Fall, Ihr Gegenüber anzustarren. Wenn Sie Ihren Gesprächspartner mustern, fühlt er sich sicherlich unwohl. Wenn Sie ihn mit Blicken durchbohren, als ob sie ihm direkt in die Seele schauen wollten, wird er automatisch einen Fluchtimpuls verspüren. Sie wollen doch nicht riskieren, dass Ihr erstes Gespräch gleich in einem erzwungenen Rückzug endet. Deshalb gilt auch hier: Suchen Sie den Kontakt und verlassen Sie sich ganz auf Ihr Gespür.

Jemanden im Gespräch anzuschauen, hat viel mit Gesehenwerden zu tun. Ihr Gegenüber wird sich gesehen fühlen, wenn Sie sich auch nonverbal und offen, aber unaufdringlich verhalten. Wenn Sie präsentieren, beraten und verkaufen, dann sollten Sie Ihre Zuhörer „sehen". Wer permanent wegsieht, in seinen Unterlagen nestelt, auf seinen Laptop starrt oder Inhalte abliest, wirkt unsicher und unaufmerksam, signalisiert Desinteresse und Inkompetenz. Wenn Sie jedoch einen offenen und ehrlichen Blickkontakt halten, auf eine aufrechte Körperhaltung und eine gute Körperspannung achten, steht einem Gespräch auf Augenhöhe nichts mehr im Weg.

> Kommunizieren Sie auch nonverbal offen, ehrlich und selbstbewusst und betrachten Sie Ihren Blick als Hilfsmittel in Sachen Gesprächsführung.

FLÜSTER TIPP!

3. Schenken Sie ein Lächeln

„Jeder Tag, an dem du nicht lächelst, ist ein verlorener Tag."

(CHARLIE CHAPLIN)

Charlie Chaplin war ein weiser Mann, der das „Flüstern" verstand. Bitte nehmen Sie dieses Zitat in Ihr Unterbewusstsein auf. Denn nichts bricht das Eis zwischen zwei Menschen schneller als ein Lächeln, das von Herzen kommt – das gilt fürs Privatleben ebenso wie für den Arbeitsalltag. Und das Schönste ist: Sie können sich mit einem Lächeln selbst den ganzen Tag versüßen. Wenn Sie morgens ihr Spiegelbild anlächeln, fällt es Ihnen mit Sicherheit leichter, durch den Regen zum Auto zu laufen. Wenn Ihnen schon beim Joggen und noch vor dem ersten Kaffee lächelnde Menschen entgegenkommen, dann fängt auch Ihr Tag einfach leichter an. Denken Sie noch einmal an den perfekten Flüstertag in Kapitel 1 zurück. Ohne Lächeln würde dieser Tag nicht funktionieren. Und ohne zu lächeln oder herzhaft zu lachen, haben Sie definitiv weniger Freude am Leben.

Wussten Sie, dass Kinder um die 400-mal am Tag lachen*, während wir Erwachsenen nur noch auf rund 15-mal kommen? Und das, obwohl Lächeln und Lachen so gesund für Körper, Geist und Seele sind. Sie tragen also jederzeit eine ganzheitliche Gratisflüstermedizin bei sich, die Sie nur aktivieren müssen. Bitte verbessern Sie die Lachbilanz für die Erwachsenen und lächeln Sie, was das Zeug hält! Wenn Sie alleine sind, können Sie das sogar üben, indem Sie sich dazu zwingen. Sie werden sehen: Schon bald hebt sich Ihre Laune, und das Lächeln, das Sie anderen schenken, wird ganz ehrlich aus Ihrem tiefsten Inneren an die Oberfläche steigen.

Stellen Sie sich einmal vor, Sie besteigen morgens um 7 Uhr den Flieger von Hamburg nach München. Die Stewardessen und das Cockpitteam begrüßen Sie mit einem echten Lächeln und einem freundlichen „Guten Morgen". Ist das nicht Grund genug, um auch so früh am Morgen gute Laune zu haben? Ist Ihnen aber schon einmal aufgefallen, wie viele Menschen in diesen typischen Businessfliegern mit grimmigem Gesicht an der freundlichen Crew vorbeirennen oder nur ein gequältes „Moin" hervorbringen? Dabei könnte es doch so flüsterleicht sein!

Eine Stewardess erzählte mir einmal, wie anstrengend es für sie sei, wenn Menschen sie beim Betreten des Flugzeugs noch nicht einmal grüßen würden. Auch sie selbst ist nicht immer bester Laune, doch ihre Stimmung hebt sich regelmäßig in dem Moment, in dem die Passagiere an Bord kommen und sie freundlich anlächeln. Stellen Sie sich die Situ-

*Quelle: https://www.palverlag.de/Heilkraft-des-Lachens.html

ation einmal umgekehrt vor. Sie stehen freundlich lächelnd an der Flugzeugtür und möchten Ihre Gäste willkommen heißen. Und dann betritt Missmut gefolgt von Aggression und Übellaune den Flieger. Kein schönes Bild, oder? Gerade von Servicepersonal erwarten wir immer Freundlichkeit und nehmen gern einmal ein gewinnendes Lächeln an, wollen aber nichts zurückgeben. Wenn aber so gar nichts erwidert wird, dann wird das für unser Gegenüber natürlich auf die Dauer ganz schön anstrengend.

Ihr neues Tagesmotto sollte lauten: lächeln, lächeln, lächeln. Aber Vorsicht: Verwechseln Sie ein Lächeln nicht mit einem aufgesetzten, zwanghaften Grinsen. Wenn Ihr Lächeln nicht echt ist, kann man das an Ihren Augen sehen. Ein Lächeln, das von Herzen kommt, spiegelt sich nämlich im ganzen Gesicht und lässt die Augen strahlen. Auch dieser Tipp funktioniert ebenfalls am Telefon. Ich versichere Ihnen: Man hört Sie lächeln! Sie schaffen somit auch akustisch eine angenehme Atmosphäre.

Gehen Sie mit viel Freundlichkeit und Humor durchs Leben. Dann haben Sie und auch andere viel mehr Grund zu lächeln.

FLÜSTER TIPP!

4. Seien Sie respektvoll

> *„Wo man nicht geachtet wird,*
> *soll man auch nicht einen Augenblick lang bleiben."*
>
> (Danpat Raj)

Der indische Schriftsteller Danpat Raj ruft jeden Menschen dazu auf, bewusst darauf zu achten, in was für einem Umfeld er lebt: Ist es eine Umgebung, die von Respekt dem anderen gegenüber geprägt ist oder nicht? Dies ist eine wichtige Übung der Achtsamkeit, die auch für unsere Kultur außerordentlich förderlich ist, denn sicher werden Menschen, die nicht mit Respekt behandelt werden, ganz anders reagieren und andere

Ergebnisse in ihrem Leben erzeugen als solche, die anerkannt und ermutigt werden.

Leider erfahre und beobachte ich immer noch viele Gesprächssituationen, die weit von dem entfernt sind, was ich unter „respektvoll" verstehe. Menschen werden häufig nicht ernst genommen, man lässt sie nicht zu Wort kommen, ihre Bedenken werden einfach weggewischt – in der Art und Weise, wie Kommunikation stattfindet, lässt sich die Haltung, die einer dem anderen gegenüber einnimmt, deutlich ablesen.

Dabei wäre es so einfach, ein Gespräch zu führen, das beide Teilnehmer auf dieselbe Stufe stellt. Geben Sie Ihrer Zielverliebtheit einen Abschiedskuss und unterhalten Sie sich nach dem „Was-du-nicht-willst-das-man-dir-tut-Prinzip": Kommunizieren Sie mit Ihrem Gegenüber genauso, wie Sie selbst Gespräche erleben möchten: mit Respekt. Natürlich wollen Sie verkaufen, beraten oder Ihre Ideen präsentieren, natürlich wollen Sie erfolgreich sein. Doch viel wichtiger, als Ihr Ziel auf Biegen und Brechen durchzusetzen, ist es, zu verstehen und anzuerkennen, dass Ihr Gegenüber vielleicht ein ganz anderes Ziel verfolgt als Sie.

Es kommt auch immer wieder vor, dass Menschen mich anrufen, um mir etwas zu verkaufen. Was diese Telefonmarketingmacher nicht wissen: Ich bin ein haptischer Mensch und bevor ich etwas kaufe, möchte ich es gern angefasst haben oder, wenn es um Versicherungen oder Ähnliches geht, zusätzliche Informationen lesen und selbst entscheiden können, ob das Produkt oder diese Dienstleistung für mich interessant ist. Ich würde nie einen Vertrag am Telefon abschließen und wenn ich dann dreimal gesagt habe, dass ich ein Angebot interessant finde, dass man mir deshalb nun Unterlagen zuschicken möge, die ich mir in Ruhe anschauen kann, dann möchte ich nicht weiter umworben werden. Gern beantworte ich die Frage nach meinen Beweggründen, doch nach einer klaren Absage gebührt der Respekt, dass ich mich als Käufer oder eben Kunde zurückziehe, wenn es keine Möglichkeit eines E-Mail- oder Postversands gibt – was ich per se schon etwas verdächtig finde.

Fragen Sie Ihre Kunden ruhig, wo der Schuh drückt. Aber erkundigen Sie sich ehrlich und interessiert. Am besten notieren Sie sich diese Antwort an prominenter Stelle. Dann wissen Sie auf alle Fälle, womit Sie nicht punkten können, und laufen nicht Gefahr, Ihren potenziellen Kunden ganz zu vergraulen, weil Sie nicht zugehört haben und unter Umständen dann wegen desselben Produkts noch einmal anrufen: Stichwort „Zeiteffizienz“! Sie müssen sich Ihre Zeit gut und sinnvoll einteilen und dasselbe gilt für Ihren Kunden. Der möchte nicht mehrfach zu einem Thema angerufen werden, das er bereits abgelehnt hat.

Manchmal stellt sich bei dezenter Nachfrage auch heraus, dass Sie einfach nur den falschen Zeitpunkt erwischt haben. Wenn Sie also bemerken, dass Ihr Kunde abwesend oder abgelenkt ist, ziehen Sie sich zurück oder bieten Sie an, zu einem besseren Zeitpunkt noch einmal anzurufen. Eine Kundin von mir leitet eine PR-Agentur. Sie führt Buch darüber, welcher Redakteur wann angerufen werden möchte und welche Themen bei wem gut oder auch schlecht ankommen. Sie weiß genau, dass sie Redakteure einer Tageszeitung am Nachmittag nicht anrufen sollte, weil diese dann gestresst sind und mitten in der Produktion stecken. Sie weiß, wer gern einen Newsletter mit neuen Themen erhalten möchte und wer prinzipiell nur auf individuelle Nachfrage einen Artikel schreibt. Nach jedem Gespräch notiert sie neue Erkenntnisse und nutzt diese Informationen für die Zukunft.

Wer, glauben Sie, ist erfolgreicher – derjenige, der weiß, was er wann anbieten soll, oder derjenige, der einfach immer alles anbietet, was er kann, ohne auf die Bedürfnisse des potenziellen Kunden einzugehen? Also parken Sie Ihre Verkäufermentalität und wenden Sie sich Ihrem Gegenüber als Zuhörer und Mensch zu. Bleiben Sie im Dialog, sammeln Sie dabei Informationen und notieren Sie diese Erkenntnisse unbedingt. Dann fangen Sie nicht jedes Mal wieder bei null an. Erkundigen Sie sich auch gern und anteilnehmend nach Erfahrungen und widmen Sie sich dem, was Ihr Gegenüber erzählt, auch mit offenem und ehrlichem Interesse. Sie können einen echten Unterschied erzeugen, wenn Sie Ihren Kunden ernst nehmen und seine Haltung respektieren. Ändern können Sie ihn sowieso nicht. Und warum auch? Es ist sein gutes Recht, dass er genauso ist, wie er sein möchte. Auch das sollten Sie unbedingt respektieren. Gewinnen Sie durch Sympathie: Wer dem anderen sympathisch ist, erfährt auf alle Fälle viel mehr über seinen Gesprächspartner. Wenn

Sie auf Interesse stoßen und nur das Timing nicht passte, dann bringen Sie sich einfach immer wieder einmal in Erinnerung und bereiten Sie auch jedes weitere Gespräch sehr sorgfältig vor. Achten Sie jedoch darauf, hier Schritt für Schritt zum Kundenflüsterer zu werden und 100 Prozent Respekt zu zeigen.

> Behandeln Sie Ihr Gegenüber zu jeder Zeit so, wie Sie selbst gern in einem Gespräch behandelt werden möchten: vor allem mit Respekt. Das verspricht Kommunikation auf Augenhöhe und dauerhafte Zufriedenheit bei allen Beteiligten – ein wichtiger Schritt auf dem Weg zum Kundenflüsterer!

FLÜSTER TIPP!

5. Hören Sie gekonnt zu

> *„Reden ist Silber, Zuhören ist Gold."*
>
> (ILONA LINDENAU)

Kennen Sie Momo? Dieses kleine Mädchen aus dem Bestseller von Michael Ende? Erinnern Sie sich noch an sie? Diese junge Dame hatte eine herausragende Eigenschaft: Sie konnte zuhören und war dabei nie in Eile! Sie konnte sogar so gut zuhören, dass den Menschen beim Erzählen besondere Gedanken kamen. Michael Ende schreibt: „Sie konnte so zuhören, dass ratlose, unentschlossene Leute auf einmal ganz genau wussten, was sie wollten. Oder dass Schüchterne sich plötzlich frei und mutig fühlten. Oder dass Unglückliche und Bedrückte zuversichtlich und froh wurden."

Alle Menschen haben nur einige wenige zentrale Wünsche: Geachtet und geliebt zu werden gehört mit Sicherheit dazu. Aufmerksames Zuhören ist ein Zeichen von Wertschätzung, Zuneigung und Respekt. Meiner Meinung nach gehört das Zuhören zu den Tugenden, die sehr wichtig sind. Wie oft habe ich in Gesprächen bereits erfahren: „Mein Chef hört mir einfach nicht zu!" Oder: „Mein Kollege unterbricht mich immer nach zwei Sätzen und sagt: ‚Ich weiß, was du sagen möchtest ...' Dabei hat er keinen blassen Schimmer! Ich wünschte, er würde mir einmal wirklich zuhören!" Woher kommt diese Ignoranz, wenn wir doch selbst so sehr danach streben, dass andere uns zuhören und letztlich natürlich auch erhören?

Wenn es auch nicht die „grauen Herren" aus „Momo" sein mögen, die uns die Zeit stehlen, so steht der Mangel an Aufmerksamkeit für andere auf alle Fälle in direktem Zusammenhang mit dem Mangel an Zeit, den wir uns häufig sogar selbst einbrocken. Endlose To-do-Listen bei der Arbeit und Freizeitstress mit zahlreichen Verabredungen und Erledigungen jagen uns. Dabei bleiben oft die Individualität und das leidenschaftliche Interesse am jeweiligen Gegenüber auf der Strecke, obwohl die im Umgang mit Kunden ein absolutes „Muss" darstellen. Kein Wunder, dass Menschen, die gut zuhören können, im Alltag und im Job wie von selbst avancieren.

Deshalb habe ich ein bekanntes Sprichwort ein wenig abgewandelt: „Reden ist Silber, Zuhören ist Gold!" So klingt es für mich einfach schlüssiger. Vermeiden Sie es also im Zeichen des Kundenflüsterns unbedingt, Ihre Kunden mit einem ausführlichen Monolog „zuzutexten" und mit einem Fluss an Information zu langweilen. Lassen Sie dem Gesprächspartner immer genug Raum für Rückfragen, Meinungsäußerungen oder mögliche Kritik. Damit können Sie sich von der Masse abheben. Denn Kunden erleben leider sehr selten, dass ihre Bedenken oder Gründe für ein mögliches Nein Gehör finden. In der Regel werden Sie mit rhetorischer Überredungskunst, W-Fragen oder strikten Alternativvorschlägen, wie „Wann passt es Ihnen besser – morgen oder übermorgen?", bombardiert. Häufig erlebe ich auch, dass Gespräche bei Bedenken einfach abrupt abgebrochen werden. Das passiert besonders gern bei Telefonberatungen. Ich brauche wohl nicht hinzuzufügen, dass Sie mit solchen Maßnahmen kein Kundenflüsterer werden. Halten Sie es besser mit der Grundregel: Je mehr Sie vom Kunden selbst erfahren, desto eher können Sie sich auf seine Wünsche und Interessen einstellen und Ihr Angebot entsprechend ausrichten. Damit steigen Ihre Erfolgschancen exponentiell.

Übung 9: Flüsterhören und -wiedergeben

Am besten üben Sie das Zuhören einmal aktiv. Das können Sie zum Beispiel mit dem Partner oder einem Freund zusammen durchführen.

1. Überlegen Sie sich gemeinsam ein Thema, über das Sie beide ein paar Minuten sprechen möchten.
2. Person 1 spricht ein bis zwei Minuten über dieses Thema und vertritt dabei eine Meinung.
3. Person 2 gibt dann diese Meinung zum Thema so genau wie möglich wieder.
4. Das üben Sie so lange, bis Person 1 eindeutig bestätigen kann, dass sie richtig verstanden und wiedergegeben wurde. Im Anschluss tauschen Sie die Rollen.
5. Nach einer Weile können Sie die Zeiträume fürs Zuhören verlängern.

Notizen

Übung 10: Das Interview – eine Übung für das „Kundenflüstern Advanced“

Auch für diese Übung sollte man zu zweit sein, und es empfiehlt sich, noch eine dritte Person als Beobachter dabeizuhaben, was jedoch kein absolutes Muss darstellt. Einer der Beteiligten ist der Interviewte und einer der Interviewer, beide wechseln im Verlauf die Rollen. Das Zeitfenster für die Übung ist jeweils etwa 20 Minuten.

Der Interviewte denkt sich ein Thema aus, über das er berichten möchte. Dieses Thema gibt er in Form einer Headline bekannt. Nun ist es die Aufgabe des Interviewers, mithilfe von Fragen und eines Dialogs das Thema zu erforschen und die Gedanken des Gegenübers kennenzulernen – mit dem Ziel, am Ende des Interviews in maximal zwei Minuten alle Inhalte zusammenfassen zu können. Das Interview soll in etwa 10 Minuten dauern. Danach hat der Interviewer fünf Minuten Zeit, die Infos zusammenzufassen, um sie dann in maximal zwei Minuten Länge zu präsentieren.

Der Interviewte hört zu und gibt anschließend Feedback:

- Ist mein Kernpunkt klar erkannt?
- Das, was mir am Herzen lag, ebenso?
- Sind die Prioritäten klar herausgestellt?

Umgekehrt ist es ebenfalls relevant: Hat der Interviewte das, was ihm wichtig war, auch als wichtig hervorgehoben?

Notizen

Diese Übung stärkt zwei Kommunikationsebenen: einerseits das Zuhören und präzise Wiedergeben der Kernpunkte und andererseits auch die selbstreflektive Ebene: Habe ich klar die Kernpunkte formuliert, damit das Gegenüber auch die Prioritäten erkennen kann? Die Rolle des Beobachters ist in diesem Zusammenhang sehr wichtig, um konstruktives Feedback zu geben. Die Übung lässt sich jedoch auch gut zu zweit durchführen.

Kurzbeschreibung:

Person 1: Definiert das Thema als Headline.
Person 2: Führt das Interview und notiert die Kernpunkte.
Dauer: 10 Minuten
Person 2: Sortiert die Stichpunkte und erarbeitet eine Kurzpräsentation des Inhalts.
Person 1: Wartet in dieser Zeit.
Dauer: maximal 5 Minuten
Person 2: Präsentiert den Inhalt.
Dauer: 2 Minuten
Person 1: Gibt Feedback. Findet sich Person 1 in dem von Person 2 Geschilderten wieder, so sind die Kernpunkte getroffen.

Kommunizieren Sie mit charmanter Sachlichkeit, hören Sie genau zu und machen Sie sich bei Gesprächen immer Notizen, um die Bedürfnisse des Kunden kennenzulernen.

FLÜSTER TIPP!

6. Verzichten Sie auf Angebereien

„Eine schmerzliche Wahrheit ist besser als eine Lüge."

(THOMAS MANN)

Der Schriftsteller Thomas Mann trifft hier den Nagel auf den Kopf. Leider hat sich das (Schön-)Lügen als echtes Verkaufstool in die Kommunikation eingeschlichen. Werbung suggeriert uns täglich unrealistische Welten und verkauft uns ganz legal eine Lüge nach der anderen. In allen Medien zeigt man uns manipulierte Bilder und Filme. Selbst die seriösen Nachrichtenjournalisten stolperten bereits nachweislich über die eine oder andere Fotolüge.

Daher lechzen wir alle nach Wahrheit und Glaubwürdigkeit – und seien wir mal ehrlich: Was nützt der beste Spot, die beste Plakatkampagne, wenn das Produkt oder die Dienstleistung im Nachhinein nicht halten kann, was die Werbung verspricht? Ich gebe Ihnen also den Rat, nichts zu versprechen, was Sie hinterher nicht halten können – auch nicht aus Unsicherheit oder Unwissenheit heraus. Ich habe schon so oft erlebt, dass Menschen aus einer Verlegenheit heraus einfach drauflos Dinge versprechen, ohne überhaupt darüber nachzudenken, was sie da zusagen. Das Ergebnis: verärgerte Kunden. Und die Konsequenz: Entweder Sie oder jemand anderes muss dafür später geradestehen.

Es gibt Kulturen, in denen das Nein-Sagen total verpönt ist. In Asien beispielsweise kann es einem passieren, dass man, wenn man jemand nach dem Weg fragt, der sich nicht auskennt, dennoch einfach lustig in der Welt herumgeschickt wird, weil der Unwissende sonst sein Gesicht verlieren würde ...

Aber auch in Deutschland kann dem Kunden dies jederzeit passieren. Seit vielen Jahren kaufe ich beispielsweise im Supermarkt immer denselben Lieblings-Bio-Espresso, weil er mir nach vielen Vergleichen so unglaublich gut schmeckt. Dabei handelt es sich um ein Produkt, das ohne aufwendige Werbung auskommt und auch nicht gerade prominent im Laden platziert ist. Seit einiger Zeit konnte ich diesen Espresso leider nicht mehr finden, was mir sehr missfiel. Mehrfach erzählte ich einem Mitarbeiter vor Ort, dass der Kaffee nicht wie sonst im Regal stünde. Und jedes Mal versprach mir dieser sehr charmante und hilfsbereite junge Mann, dass er sich erkundigen würde, was es damit auf sich habe. Schließlich teilte er mir mit, dass der Abteilungsleiter den Espresso bestellt hätte. Natürlich war ich total glücklich, besonders, weil es den Super-Espresso auch in keinem anderen Laden mehr gab. Nach zwei Wochen jedoch war das Regal immer noch leer, worauf mir der freundliche Mitarbeiter erklärte, dass dieser Espresso leider bereits wieder ausverkauft wäre. Als ich ihn darum bat, mir doch bei der nächsten Lieferung gleich zehn Pakete zur Seite zu stellen, sagte er: „Klar, mache ich, ich stelle sie auf die Seite! Kommen Sie am Mittwoch wieder!“ An besagtem Mittwoch allerdings war dieser Mitarbeiter gar nicht im Dienst und einer seiner Kollegen berichtete, dass dieser Espresso nie bestellt worden sei, da er komplett aus dem Sortiment der gesamten Supermarktkette herausgenommen wurde. Vier Wochen Hoffnung umsonst: Das ist sicher nicht die feine Art des Kundenflüsterns! Dabei wäre es so viel leichter gewesen, mir die Wahrheit zu sagen. Dann hätte ich mich schon vor Wochen um eine andere Einkaufsquelle für den Kaffee bemühen können.

Ich kaufe natürlich immer noch im selben Supermarkt ein, da der Service trotzdem gut ist – und die Produkte auch. Der charmante Mitarbeiter hat einfach mehr erzählt, als er sagen konnte, und falsche Versprechungen gemacht, um eine Rolle einzunehmen, die ihm nicht zusteht.

Jeder Verkäufer oder auch Berater sollte sich davor hüten, falsche Versprechungen zu machen oder mit Angeboten von Leistungen glänzen zu wollen, die nicht erbracht werden können. Sie können damit in Teufels Küche kommen, auch wenn Sie es dem anderen eigentlich nur recht machen wollten. Das kennen wir doch alle auch aus Beziehungen: Um unseren Partner oder auch Freunde nicht zu verletzen oder zu enttäuschen, reden wir gern einmal um die Wahrheit herum oder versprechen etwas, das wir im Nachhinein nicht halten können. Damit entgehen wir in diesem Moment vielleicht einer Diskussion oder retten die Stimmung. Auf lange Sicht gesehen jedoch rächt sich diese Flunkerei: Wenn die Wahrheit ans Licht kommt, und das tut sie immer – früher oder später –, stehen wir blöd da, müssen mit der Enttäuschung des anderen klarkommen und haben das Vertrauen unseres Gegenübers verloren.

Auch das folgende Beispiel mag belegen, wie wichtig die Flüsterqualität der Ehrlichkeit und Klarheit ist: Lange Zeit hatte ich einen Haus-und-Hof-Handwerker engagiert, der sich um alles kümmerte, was in der Wohnung so an Handwerksarbeiten anstand. Er war ein echter Macho, dabei aber sehr kompetent, stets charmant, und er erledigte alles zur vollsten Zufriedenheit. Ein echtes Handwerkerjuwel! Als er den Auftrag zur Renovierung der Wohnung erhielt, wollte ich eine Lampe umhängen, einen wunderbaren, antiken und leider sehr teuren Kronleuchter, der mir persönlich viel bedeutete. Gemeinsam hängten wir den Leuchter von einem anderen Raum der Wohnung in die Küche. Da es ein Altbau war und ich in Sachen Schrauben, Dübel und Haken schon die ein oder andere Überraschung mit bröckelnden Wänden und Ähnlichem erlebt hatte, fragte ich: „Ist der Haken hier sicher? Haben Sie das geprüft? Denn vorher hing hier eine viel leichtere Lampe …" Die kernige Antwort war: „Logo, Frau Lindenau, der ist im Balken befestigt. Da kann ich mich dranhängen und nichts passiert!" – Er wog um die 120 Kilo, also dachte ich „O.k." und verließ mich darauf.

Knapp drei Monate später wurde ich nachts um drei Uhr von einem lauten Knall und Geklirre geweckt. Als ich in die Küche ging, sah ich, dass der Kronleuchter zunächst auf den Tisch und danach auf den Boden geknallt war – beide defekt. Im ersten Moment war ich erschüttert, doch dann war ich erleichtert, dass niemand am Tisch gesessen hatte, als das Malheur passierte. Ich rief also meinen Handwerker an und bat ihn um Hilfe. Anstatt sich nun einfach zu entschuldigen und zu fragen, „Wie kann ich helfen?", hörte er kurz zu, verteidigte sich, suchte Ausreden und machte die Decke verantwortlich, versprach vorbeizukommen und – ward nie mehr gesehen. Seither habe ich ihn nicht wieder ans Telefon bekommen und musste mir jetzt einen neuen Handwerker suchen. Nach so vielen glücklichen Handwerkerjahren und einem – wie ich finde – echten Vertrauensverhältnis. Ein Ergebnis, das für uns beide unbefriedigend und völlig unnötig war. Besser wäre gewesen, er hätte mir gleich beim Aufhängen gesagt: „Sorry, Frau Lindenau. Ich habe nicht daran gedacht, dass Sie ja in einem Altbau wohnen. Ich prüfe das nach, bevor wir das gute Stück aufhängen."

Leider ist das Abtauchen und Beleidigtsein, eine klassische Reaktion bei Menschen, die zu Angebereien neigen. Aus welchen Gründen auch immer sie zu viel versprechen, sie halten es dann oft nicht aus, wenn der Schwindel auffliegt. Dabei ist es gar nicht so schwer, einfach einmal „Nein“ zu sagen oder „Ich weiß es nicht“. Wer sich dann schlau macht oder sich weiter darum kümmert, kann nur gewinnen.

> Sparen Sie sich Superlative und Übertreibungen und halten Sie sich an die Realität. Machen Sie keine falschen Produkt-, Vertrags- oder Inhaltsversprechen und geben Sie ruhig einmal zu, wenn Sie etwas nicht wissen. Sie sind ein herausragender Dienstleister, wenn Sie sich später erkundigen und somit Ihrem Kunden einen echten Dienst leisten. Das ist Kundenflüstern.

FLÜSTER TIPP!

7. Seien Sie präsent im Moment

> *„Don't worry, be happy.“*
>
> (Bobby McFerrin)

Es gibt so vieles, was tagtäglich schiefgehen kann: Sie verpassen die Bahn, Sie streiten sich mit Ihrem Partner, Sie knicken mit dem Fuß um, Sie reißen sich die Hose oder ein Kleid auf – das passiert jedem. Können Sie sich noch an das Bild von Mr. Bayern-München Pep Guardiola erinnern, wie er mit einem großen Riss in der Hose am Spielfeldrand des Champions-League-Krimis Bayern München gegen den FC Porto stand? Der Nachhall in den Medien und auf den Social-Media-Kanälen war fast größer als die Freude über den furiosen 6:1-Sieg der Fußballer. Jetzt hätte Guardiola sich furchtbar über dieses #Hosengate, wie es auf Twitter und anderen Social-Media-Plattformen genannt worden war, ärgern können. Er jedoch agierte souverän am Spielfeldrand und bejubelte jeden weiteren Treffer seiner Mannschaft frenetisch, obwohl die Hose immer weiter aufriss und am Ende sogar den Blick auf seine Unterwäsche freigab. „Für das nächste Spiel kaufe ich mir eine neue“, sagte er nach dem Spiel. Als ein ZDF-Reporter ihn fragte, ob ihm kalt sei, antwortete der Bayerntrainer: „Nein, ich bin heiß.“

Was für ein schönes Beispiel dafür, dass wir uns bei Missgeschicken auf keinen Fall die Butter vom Brot nehmen lassen sollten. Pep Guardiola hat aus einer unangenehmen Situation das Beste gemacht. Er hat Humor und Souveränität bewiesen: eine echte Qualität, die auch in Sachen Kundenflüstern von großer Bedeutung ist. Ich rate Ihnen, sich an Pep Guardiola zu orientieren, wenn Ihnen ein Missgeschick unterläuft. Sich zu ärgern, kostet Sie nur unnötige Energie und verleiht Ihnen eine negative Aura, die im Gespräch auf Ihr Gegenüber abfärbt. Dadurch gewinnt keiner. Leiten Sie Ihren Ärger lieber in positive Energie um, indem Sie einen schnellen Ausweg aus der scheinbaren Misere finden. Verlassen Sie in solchen Momenten das negative Kopfkino und tragen Sie die Situation mit Fassung. Um es mit William Shakespeares Worten zu sagen: „Beklage nicht, was nicht zu ändern ist, aber ändere, was zu beklagen ist.“

Ihr Chef macht Ihnen Druck? Sie haben sich über einen Kollegen geärgert? Ihr Kunde ist sauer? Stellen Sie sich die Frage: Was kann denn Ihr Gesprächspartner dafür? Die Antwort ist immer dieselbe: Nichts! Lassen Sie deshalb Ihren Frust auf keinen Fall an dem anderen aus. Selbst wenn ein Kunde Ihre Leistung oder Ihr Produkt reklamiert, ist das nicht seine Schuld – und wahrscheinlich auch nicht Ihre. Doch Sie sind dafür verantwortlich, eine Lösung zu finden. Bleiben Sie also in der Situation und seien Sie in diesem Moment präsent, um die volle Aufmerksamkeit auf Lösungswege legen zu können. Statt zu diskutieren, sehen Sie bei Beschwerden den Menschen und entwickeln Sie Verständnis für seine Situation. Er wird es Ihnen danken, wenn Sie eine geeignete Lösung finden.

Ich gebe zu, immer ausgeglichen zu sein und das Sorgenkino im Hinterkopf auszuschalten, ist nicht so einfach. Sie können es jedoch schaffen, die Wolken, die Ihre Kreativität und Ihre guten Eigenschaften vernebeln, beiseitezuschieben, indem Sie den Blick auf etwas Gutes lenken: Vor Ihrem Bürofenster zwitschern die Vögel. Hören Sie genau hin und freuen

Sie sich über das aufgeregte, fröhliche Treiben da draußen. Wenn Sie mit trüben Gedanken auf dem Weg zur Arbeit sind, steigen Sie einfach einmal eine U-Bahn-Station früher aus und laufen Sie durch den Park, in dem alles wächst, blüht und der Welt zeigt: „Hier bin ich." Eine solche bewusste Auszeit sorgt garantiert für gute Laune. Wir verlieren im stressigen Alltag häufig den Blick für die vielen schönen Dinge, die um uns herum geschehen, sodass wir unsere Seele viel zu oft im Dunkeln sitzen lassen. Nutzen Sie Ihre Energie dafür, aus den negativen Gedanken herauszukommen.

Immer wenn Sie das Gefühl haben, festzustecken und sich die sorgenvollen Gedanken im Kopf überschlagen, dann beschenken Sie sich. Schon als Kind haben Sie gern Pfannkuchen gefrühstückt? Dann gibt es heute Morgen Pfannkuchen. Sie hören gern Musik? Dann laden Sie sich in der Mittagspause die CD herunter, die Sie schon seit Wochen haben wollten, oder hören Sie einmal in ein paar neue Alben von Bands hinein, deren Namen Ihnen gefallen, auch wenn Sie noch nie etwas von ihnen gehört haben. Dann freuen Sie sich darüber, wenn Sie eine neue Entdeckung gemacht haben.

Wenn Sie gerade dabei sind, am Computer etwas zu schreiben, sagen wir einmal, Sie arbeiten an einer wichtigen Präsentation, und plötzlich schütten Sie aus Unaufmerksamkeit Kaffee über Ihren Laptop, dann verschwenden Sie nicht mehr Gedanken als nötig an das Unglück, sondern überlegen Sie sich sofort, was Sie tun können, damit der Schaden so gering wie möglich gehalten wird. An Weiterschreiben ist definitiv nicht zu denken. Aber lassen Sie sich davon auf keinen Fall frustrieren. Sie können nicht weiterschreiben, egal, wie wütend Sie auf sich und die ganze Welt in diesem Moment sind. Dass der Laptop vermutlich hinüber ist, ist blöd und wahrscheinlich auch teuer. Aber Sie können es nicht ändern. Schnappen Sie sich also Ihre Jacke und gehen Sie eine Runde um den Block oder joggen Sie. Backen Sie sich einen Kuchen oder probieren Sie das neue Curryrezept aus, das Sie schon vor Wochen aus einer Zeitschrift herausgerissen haben. Tun Sie, was Ihnen guttut! Dann wird Ihre Laune auch deutlich besser sein – und Ihre gute Laune steckt wiederum andere an. Warum sollten Sie sich und anderen die Zeit vermiesen, wenn es doch keinem nützt? Wenn es gar nicht anders geht, dann gehen Sie in den Wald, brüllen Sie eine Runde oder hacken Sie Holz. Es gibt Tausende Wege, Frust loszuwerden, und so viele Gründe, diese (neuen) Wege zu gehen.

Wenn Sie im inneren Gleichgewicht sind, dann läuft es auch mit Ihren Gesprächspartnern oder Teammitgliedern besser; der Umgang mit Kunden geht leichter von der Hand, auch wenn es mal schwierig wird. Sie vermitteln einfach mehr Zuversicht und Zufriedenheit, wenn es Ihnen selbst gut geht. Und das Schönste daran ist: Sie bekommen das, was Sie ausstrahlen, meist von Ihrem Gegenüber auch wieder zurück.

Und noch etwas: Lassen Sie sich nicht entmutigen, wenn Sie einmal abblitzen. Nicht jeder Kontakt mündet in eine goldene Hochzeit. Das muss aber auch nicht sein. Prüfen Sie im Falle einer Ablehnung die Argumente des Kunden und analysieren Sie, warum es dazu gekommen ist. Am besten gehen Sie dann mit Lösungen in das nächste Gespräch. Sind Sie Berater und kein Verkäufer, dann finden Sie im Dialog mit dem Kunden die Lösungen. Bleiben Sie kreativ und flexibel, machen Sie Vorschläge und zeigen Sie Alternativen auf. So werden Sie das nächste Kundengespräch mit einem Lächeln beenden – versprochen.

> Leben und arbeiten Sie lösungsorientiert. Manche Situationen und Momente können wir einfach nicht ändern. Also ärgern Sie sich nicht, sondern machen Sie stets das Beste daraus.

FLÜSTER TIPP!

Die Kaltakquise – machen Sie den ersten Schritt

Ich finde es sehr spannend zu beobachten, wie viele Menschen heutzutage im Job und im Privatleben noch Angst davor haben, den ersten Schritt zu tun. Das böse Wort „Ablehnung“ schwebt wie ein Damoklesschwert über uns allen. Wir gehen also schon mit einer negativen Haltung an die Akquise heran – privat wie beruflich. Tag für Tag schieben wir sie vor uns her. Oft wird das ungeliebte Kommunikationsstiefkind sogar abgeschoben. Wir delegieren die Akquise, lassen Praktikanten oder ausgelagerte Callcenter bei den potenziellen Kunden anklingeln. Ich glaube, das ist ein Fehler. Denn keiner kennt sein Produkt oder seine Dienstleistung so gut wie derjenige, der ausreichend Erfahrungen im Unternehmen hat, oder wie der Chef selbst. Natürlich können Sie nicht alles selbst machen. Lassen Sie gern jemand anderen vorrecherchieren und Kontakte sammeln, aber integrieren Sie – auch als Chef von einem kleineren oder mittleren Unternehmen – feste Telefonzeiten in Ihre Wochenplanung auch dafür, Neukunden zu gewinnen.

Es kann so viel Spaß machen, initiativ zu werden. Es gab eine Zeit, in der wurden die Damen der Gesellschaft noch regelrecht trainiert in Sachen dezenter Akquise, und das eigentliche Werben wurde inszeniert. Ganz aus Versehen ließ Frau einen Handschuh fallen oder wählte die Farbe ihrer Ansteckblume entsprechend, um Interesse zu signalisieren: Sie sehen, so romantisch kann Kaltakquise sein. Aber auch heute noch finde ich, dass Neukundenakquise zu den wunderbarsten Tätigkeiten gehört, die wir ausüben können. Denn wir haben dabei nichts zu verlieren.

Ich sage meinen Kunden und Coachees immer: Null ist null. Wenn Sie keinen Kunden haben, dann haben Sie keinen Kunden – Punkt! Weniger als keiner geht nicht. Jetzt könnten wir darüber jammern, dass die Situation so ist, wir können Ausreden dafür erfinden, warum ein Anruf in der Kaltakquise so schrecklich ist und warum es heute einfach wieder nicht geht. Oder: Wir werden aktiv, verlassen die negative Haltung und ignorieren unsere Vorbehalte. Und los geht's! Ich verspreche Ihnen: Ihr Mut lohnt sich, wenn Sie mit der richtigen Haltung und Vorbereitung an das

Gespräch herangehen. Hier finden Sie ein paar Tipps für das gute Gelingen Ihrer Kaltakquise:

- Nehmen Sie sich genug Zeit für das Gespräch und telefonieren Sie niemals zwischen Tür und Angel.
- Bereiten Sie sich gut vor – viel zu viele Menschen wissen noch zu wenig über Ihr Produkt oder Ihre Dienstleistung.
- Sorgen Sie für die richtige Umgebung – wenn Sie die Möglichkeit haben, ziehen Sie sich in einen ruhigen Raum zurück.
- Konzentrieren Sie sich, und stellen Sie sich vor, dass es Menschen gibt, die Ihnen gern zuhören werden. Stellen Sie sich Ihr tolles Produkt vor und dass viele Menschen damit glücklich werden.
- „Klappt nicht“ gibt’s nicht. Weg mit dem negativen Self Talk.
- Machen Sie einen kurzen Check in Sachen Körperhaltung und Präsenz. Stimmen Sie sich ein und fokussieren Sie sich schließlich ganz auf das Gespräch und den Menschen am anderen Ende der Leitung.
- Seien Sie stets freundlich und offen für die Anliegen des anderen.
- Sagen Sie „Danke“.
- Machen Sie sich Notizen.
- Machen Sie sich Notizen! (Dieser Punkt ist so außerordentlich wichtig, dass er gleich doppelt aufgeführt wird!)

Mit der Umsetzung der Tipps verwandeln Sie die Kaltakquise in eine warmherzige Angelegenheit. Wer mit Respekt für die Zeit und die Interessen seines Gegenübers an die Sache herangeht, erntet sicherlich mehr positive Reaktionen als zunächst erwartet. Klar werden Sie nicht immer gleich jemanden erreichen und wahrscheinlich haben Sie auch nicht sofort einen neuen Kunden gewonnen. Aber Sie bleiben niemandem in negativer Erinnerung und können sich zu einem späteren Zeitpunkt wieder melden. Lassen Sie sich also nicht entmutigen, falls Sie einmal abgelehnt werden – selbst wenn sie schon beim ersten Gespräch abgewimmelt werden oder eine deutliche Absage erhalten. Seien Sie nicht traurig, enttäuscht, und lassen Sie um Himmels willen Ihr negatives Kopfkino ausgeschaltet! Schließlich kann die Chemie zwischen zwei Menschen nicht immer stimmen. Bleiben Sie trotzdem selbstbewusst. Versuchen Sie, das Gespräch als wichtige Erfahrung zu werten, und reflektieren Sie, was schiefgelaufen ist. Dann können Sie sich weiterentwickeln.

Vielleicht lassen Sie sich zum Lernen auch einmal von Profis inspirieren. Wenn Sie die Gelegenheit haben, hören Sie ihnen ruhig einmal zu. Oder lassen Sie gelegentlich einen Kollegen bei Ihren Gesprächen zuhören: So können Sie wertvolle Tipps erhalten und haben gleich ein wenig Networking betrieben. Wenn Sie trotzdem noch unsicher sind, suchen Sie sich einen Partner, mit dem Sie üben können. Bilden Sie sich weiter, machen Sie Onlineseminare, bleiben Sie am Ball!

Übung 11: Erfolgreiche Kaltakquise

1. Suchen Sie sich einen Partner zum Üben.
2. Vereinbaren Sie eine Zeit, wann Sie beide telefonieren. Ihr Partner ist der Kunde und Sie führen die Kaltakquise durch.
3. Besprechen Sie vor dem Telefonat die Rolle, die Ihr Partner einnimmt, die Situation, in der er sich befindet, sowie das Ziel, das Sie verfolgen. Er könnte zum Beispiel Chef eines Unternehmens sein, der Ihre Dienstleistung bisher von einem Wettbewerber bezieht und im Grunde nicht wechseln möchte. Und Sie möchten einen Telefontermin mit ihm vereinbaren.
4. Denken Sie sich immer zwei Situationen aus – eine, die Sie als besonders leicht empfinden, und eine, die Sie vor eine echte Herausforderung stellt.
5. Versuchen Sie, Ihr Ziel zu erreichen.
6. Lassen Sie sich hinterher Feedback geben.

Wichtig: Wenn Sie mit Kollegen oder Freunden üben, bleiben Sie beide unbedingt diszipliniert und bis zum Ende des Gesprächs in der Rolle. Kommentieren Sie nicht zwischendurch und steigen Sie auf keinen Fall aus. Sonst bringt das Üben nichts.

Notizen

Eine wahre Erfolgsgeschichte in Sachen Kaltakquise hat mir gerade ein befreundeter Sales-Profi erzählt. Am meisten überraschte mich dabei der Aspekt, dass er seine Akquise nicht mehr über das Telefon durchführt, sondern ganz gezielte personalisierte und individuelle E-Mails schreibt. Ich rede hier aber nicht von Standard-Werbemails, sondern von individualisierter E-Post mit Mehrwert für den Empfänger. Dafür unternimmt er aufwendige Vorarbeiten, recherchiert über die Person, die er anspricht, sowie über das Unternehmen, das mit der Person verbunden ist. Es ist unglaublich, wie viele Details er im Internet findet. So gleicht keine Mail der anderen, und er kann sicher sein, dass seine Mail auf die aktuelle Situation oder Problematik des Empfängers zugeschnitten ist. Das Ergebnis: eine Rücklaufquote von 50 Prozent. Großartig, finden Sie nicht? Er liefert damit das beste Beispiel für konstruktives Kundenflüstern, denn er kommuniziert:

1. individuell,
2. aufmerksam,
3. neugierig,
4. interessiert,
5. offen,
6. geduldig und
7. in der Sprache des Kunden.

Bei gelungener Kaltakquise und zur Selbstmotivation: Kundenflüstern Sie ab und zu auch einmal mit sich selbst. Belohnen Sie sich dafür, wenn Sie ein gestecktes Ziel erreicht haben. Stellen Sie sich dafür zum Beispiel ein Sparschwein auf den Schreibtisch und werfen Sie bei jedem Erfolgserlebnis fünf Euro hinein –und davon gönnen Sie sich dann immer wieder etwas Tolles.

FLÜSTER TIPP!

Herzflimmern – so kommen Gefühle ins Spiel

Gehen wir einmal davon aus, dass das erste Gespräch mit Ihrem potenziellen Kunden vielversprechend verlaufen ist. Sie haben also die Basis für eine erfolgreiche Zusammenarbeit gelegt. Jetzt sollten Sie auf jeden Fall am Ball bleiben, denn die Zeit könnte kaum günstiger sein, um mit Fingerspitzengefühl und echtem Interesse am Erfolg des Kunden sehr viel über diesen zu erfahren. Erlauschen Sie also im nächsten Schritt seine Vorlieben, Wünsche und individuellen Bedürfnisse und machen Sie sich ein Bild vom Charakter des Unternehmens oder bei Privatkunden von der Person. Daraus können Sie zum einen eine individuelle Argumentationskette stricken und zum anderen wirklich etwas für Ihren Kunden tun. Wenn Sie, Ihr Produkt oder Ihre Dienstleistung für ihn einen echten Nutzen bringen, machen Sie den König aus ihm, der ein Kunde eigentlich immer sein sollte. Das wird ihm gefallen. Denn die meisten Kunden sind das heutzutage nicht mehr gewöhnt.

Ich gebe zu, solche Gespräche, in denen Sie individuell auf Nuancen achten, mit Interesse Rückfragen stellen und immer mit vollem Fokus dabei sind, kosten Zeit. Wahrscheinlich kosten sie mehr Zeit, als Sie zu haben glauben. Falls Sie im Telefonmarketing tätig sind, dann schaffen Sie sehr wahrscheinlich mit dieser Methode weniger Anrufe am Tag. Trotzdem plädiere ich an dieser Stelle für den Zeitaufwand. Denn mit den so gewonnenen echten Flüsterkontakten können Sie wirklich etwas anfangen: Diese haben Substanz und Potenzial für mehr.

Im nächsten Schritt geht es darum, echtes Herzflimmern zu erzeugen. Die günstigste Variante ist natürlich, wenn Sie ihm von Personen seines Vertrauens empfohlen wurden. Dann kommt Ihr Gesprächspartner von vornherein mit einer positiven Haltung auf Sie zu. Aber auch, wenn er Sie über eine Werbekampagne oder das Internet gefunden hat, bieten Sie oder Ihre Firma etwas an, was er braucht. Sie können etwas für ihn tun. Das schafft eine gute Ausgangslage, weil Sie sein Interesse nicht mehr wachkitzeln müssen. Jetzt geht es darum, dieses Interesse zu behalten. Also starten Sie gern Ihre Charme-Offensive – am besten in einem persönlichen Treffen.

Es gibt keinen Grund, vor diesem ersten „Rendezvous“ nervös zu sein. Bereiten Sie sich einfach gründlich vor und verinnerlichen Sie, dass Sie nur gewinnen können. Seien Sie also authentisch, aber repräsentieren Sie Ihre Firma und Ihr Produkt angemessen. In jedem Fall geht es darum, dass nicht Sie, sondern das, was Sie dem Kunden an Produkt oder Dienstleistung zu bieten haben, im Mittelpunkt steht. Wenn Sie also nicht gerade einen Tattoo-Shop repräsentieren oder eine Boutique für flippige Designerkleidung, dann halten Sie Ihr Erscheinungsbild in Sachen Farbigkeit eher leise als knallig. Auch wenn Sie es privat eher bunt mögen, müssen Sie Ihren „Flirt-Partner“ ja nicht gleich überfordern. Ihr potenzieller Kunde soll sich ja nicht in erster Linie mit Ihnen beschäftigen, sondern mit Ihrem Produkt oder Ihrer Dienstleistung. Ich glaube sogar, dass Sie Ihre Qualitäten und Talente besser zeigen können, wenn Äußerlichkeiten nicht zu stark ablenken. Sie überzeugen durch sicheres Auftreten, eine freundliche und offene Mimik und Gestik sowie durch eine feste Stimme.

Selbst wenn Sie alles, was Sie bisher an Flüster-Skills erlangten, akribisch beachtet haben, machen Sie sich keine Gedanken darüber, wenn der persönliche Funke nicht so richtig übergesprungen sein sollte. Sie können nicht jedem sympathisch sein – und umgekehrt müssen Sie auch nicht jeden mögen. Hier haben wir einen klaren Unterschied zwischen Geschäfts- und Privatleben: Ohne Sympathie kann es keine private Beziehung geben. Im Geschäftsleben kommt es eher auf den gegenseitigen Respekt und ehrliches Interesse an als auf persönliche Sympathien. Auch wenn es persönlich mal nicht so läuft, kann beruflich trotzdem Herzflimmern entstehen und sich eine Beziehung auf der Basis von Respekt entwickeln.

> Zeigen Sie sich nach dem ersten Schritt weiterhin von Ihrer besten Seite. Wer jetzt mit ehrlichem Interesse dranbleibt, hat beste Aussichten auf dauerhaften Erfolg.

FLÜSTER TIPP!

Leider ist in unserer Gesellschaft der Begriff „Neugier“ noch viel zu häufig negativ konnotiert. Wir verbinden ihn oft mit dem Eindringen in die Privatsphäre anderer, mit Ausspionieren oder setzen ihn gar mit oberflächlichem Interesse gleich. Für mich ist Neugier in erster Linie mit Pioniergeist und Entdeckerwillen in Verbindung zu bringen. Das gilt ganz besonders für das Kundenflüstern, denn je mehr Sie über die Bedürfnisse eines (potenziellen) Kunden wissen, desto besser können Sie Ihr Produkt oder Ihre Dienstleistung personalisieren und Sie vermeiden einen Fauxpas.

Einer Freundin von mir wurde die Unkenntnis eines wichtigen Fakts einmal zum Verhängnis. Sie war Trauzeugin des Bräutigams und kümmerte sich unter anderem darum, das Schlafzimmer des Brautpaars zu schmücken. So verstreute sie Reis im Bett der Frischvermählten. Reis gilt bekanntermaßen als Symbol für Fruchtbarkeit und Glück. Was Sie nicht wusste, war, dass die Braut keine Kinder bekommen konnte, weswegen diese nach Entdeckung des Reisbetts die ganze Hochzeitsnacht über geweint hat. So etwas lässt sich schwer wieder reparieren. Ein klassisches Beispiel für gut gemeint, aber nicht gut gemacht. Als Trauzeugin hätte sie diese Information sicherlich im Vorfeld herausfinden können – und müssen. Dies ist ein Beispiel dafür, dass etwas Neugier nicht geschadet hätte.

Übertragen wir diese Situation einmal aufs Geschäftsleben: Ich kann Ihnen nicht genug ans Herz legen, ganz im Sinne des Kunden, so viel wie möglich über Ihren Gesprächspartner herauszufinden. Welche Hobbys hat Ihr Gegenüber? Trinkt er Wasser lieber mit oder ohne Kohlensäure? Gibt es Allergien oder verfolgt er eine spezielle Diät? Solche kleinen Details können besonders im persönlichen Gespräch den Unterschied machen. Stellen Sie sich vor, Sie haben für ein Meeting den Klassiker „Kekse & Kaffee" vorbereitet. Zusätzlich haben Sie ein paar Softdrinks im Angebot. Ihr potenzieller Kunde lehnt die Kekse ab, weil er nur vegan isst und Sie Butterkekse gekauft haben. Kaffee trinkt er nur mit Milch, aber eben mit Soja- oder Hafermilch und Sie haben nur Kondensmilch im Angebot. Wahrscheinlich sorgt die Situation nicht für ein Drama, weil Sie Tee als Alternative anbieten können. Doch sehen Sie es einmal von der anderen Seite. Sie haben im Vorfeld eines Treffens schon herausgefunden, dass Ihr Kunde vegan isst, und überraschen ihn mit Oreo-Cookies und Sojamilch. Glauben Sie nicht auch, dass Sie damit gleich einen Stein im Brett haben? Mit solchen wesentlichen Kleinigkeiten schaffen Sie eine Wohlfühlatmosphäre, die für einen positiven Gesamteindruck wichtig ist.

Wenn Sie Ihren Ansprechpartner in der letzten Woche wegen Krankheit nicht ans Telefon bekommen haben, dann erkundigen Sie sich zwischendurch einmal nach seiner Gesundheit. Falls Sie ihn am Handy auf dem Golfplatz erwischen, dann fragen Sie beim nächsten Telefonat, wie seine Golfpartie gelaufen ist. Erwischen Sie ihn aus Versehen im Urlaub, erkundigen Sie sich doch, sobald es sich ergibt, wo er gewesen ist und ob er Ihnen eine Reise dahin empfehlen könnte. Ihrer Fantasie sind keine Grenzen gesetzt, solange Sie es nicht übertreiben.

Vorsicht gilt bei Themen wie Politik oder bei philosophischen Fragen. Da könnten Sie schnell einmal aus Versehen in ein Minenfeld laufen, vielleicht sogar, ohne es zu merken. Vermeiden Sie bitte ebenfalls die folgenden No-go-Fallen.

1. Ins Wort fallen: Auch wenn Sie den Knigge nicht auswendig können müssen, sind gute Umgangsformen essenziell für einen guten Eindruck.

2. Unter Zeitdruck stehen: Nehmen Sie sich ausreichend Zeit, um sich kennenzulernen. Später werden Sie diese einsparen, weil Sie nach vielen Dingen gar nicht mehr fragen müssen und Sie einen Vertrauensvorsprung genießen.

3. Monologe halten: Natürlich sind Sie der Fachmann. Trotzdem sollten Sie keine Monologe halten. Das hätte zur Folge, dass Sie Ihren Gesprächspartner ausschließen oder sogar herabwürdigen.

4. Von anderen Kunden sprechen: Ihr Kunde wird sich zu Recht nicht individuell betreut fühlen.

5. Über andere lästern: Ihr Kunde wird Ihre Loyalität anzweifeln.

6. Nachdrücklich werden: Ihr Gegenüber springt nicht gleich auf Ihr Angebot an? Dann machen Sie einen Schritt zurück und bedrängen Sie ihn nicht.

7. Übertreiben: Achten Sie darauf, dass Ihre Begeisterung nicht in Überschwang kippt. Das, was Sie versprechen, muss Ihr Produkt oder Ihre Dienstleistung auch dauerhaft halten können.

8. Sich mit übertriebenen Geschenken einschmeicheln wollen: Ein Kugelschreiber mit Firmenlogo oder ein paar praktische Post-its reichen völlig aus.

> Stellen Sie nicht sich, sondern Ihr Gegenüber in den Mittelpunkt des Interesses. Je mehr Sie den anderen Menschen dorthin rücken, desto mehr werden Sie erreichen.

FLÜSTER TIPP!

So wird die Liebelei zur festen Bindung

Liebe angehende Kundenflüsterer: Ich gratuliere! Jetzt sind Sie schon weit gekommen. Sie haben den ersten Kontakt aufgenommen, Sie haben Ihr Produkt oder Ihre Dienstleistung vorgestellt und in der Kommunikation alles richtig gemacht. Im besten Fall haben Sie verkauft oder gut beraten und brillant präsentiert, Sie haben als Kommunikationspartner einen äußerst guten Eindruck hinterlassen. Ihr Kunde freut sich ebenso wie Sie auf eine vielversprechende Zusammenarbeit.

Doch genau an dieser Stelle trennt sich häufig die Spreu vom Weizen. Jetzt tauchen die meisten nach „getaner" Arbeit erst einmal ab und machen sich auf die Suche nach dem Nächsten, den es zu beflüstern gilt. Zeit, den Kundenflüsterer in Ihnen weiterzuentwickeln und die Liebelei, die Sie bisher mit Ihrem Kunden haben, zu einer festen Bindung werden zu lassen.

Sie haben sich doch sicherlich Notizen gemacht, nicht wahr? Die helfen Ihnen jetzt dabei, Ihre Kontakte zu hegen und den positiven Eindruck, den Sie bisher hinterlassen haben, zu festigen. Die Zeit ist gekommen, um Ihre Zuneigung zu beweisen. Lassen Sie Ihre Kunden jetzt nicht alleine, sondern seien Sie weiterhin ein guter Betreuer. Sie sollen natürlich nicht täglich nachfragen, ob alles in Ordnung ist. Aber hin und wieder ist es essenziell, dass Sie zeigen „Ich bin noch da", „Sie können sich bei Problemen an mich wenden".

Hier einmal ein wunderbares Beispiel aus dem Alltag: In der Regel verschlafen wir solche Dinge wie Check-ups beim Arzt oder Impfungen bei uns selbst ja gern einmal. Das liegt zum einen natürlich daran, dass wir immer viel zu tun haben, und zum anderen daran, dass wir lange im Voraus ausgemachte Termine oft nur schwer in unseren Kalender integrieren können. Wenn wir Haustiere haben und auch bei denen noch an solche Dinge denken müssen, dann wird es richtig kompliziert – aber nur dann, wenn Sie keine Tierarztpraxis haben wie die folgende. Diese Praxis hat verstanden, wo meine Bedürfnisse als Klientin liegen und an welcher Stelle ich hin und wieder einmal Unterstützung brauche. In der Regel rufen sie mich etwa einen Monat vor Fälligkeit der Impfungen für meine Katze an und erinnern mich daran, dass ich innerhalb eines bestimmten Zeitraums einen Termin machen sollte. Ein paar Tage vor dem Termin bekomme ich einen weiteren Anruf und die Nachfrage, ob alles klappt und ob ich den Termin wirklich wahrnehmen kann. Dann ruft die Praxis mich direkt vor dem Termin noch einmal an und erinnert mich daran, an den Impfpass zu denken. Was auch immer behandelt, geimpft oder operiert wurde – nach meinem Besuch beim Tierarzt haben sich die freundlichen Helfer immer bei mir erkundigt, ob meine Katze die Impfung gut vertragen hat, wie sie sich nach der Narkose fühlt, ob sie genug isst und trinkt. Ich fühle mich hier als Tierhalter mehr als nur gut betreut. Das ist Kundenflüstern in Perfektion. Jetzt sind Sie natürlich nicht alle Tierärzte. Doch die Botschaft aus dieser Geschichte gilt für jeden.

Lassen Sie sich zum Beispiel immer wieder einmal etwas einfallen – und zwar mehr als die in Großauflage gedruckte Weihnachtskarte zum Jahresende. Schicken Sie stattdessen doch einmal zwischendurch eine Postkarte, weil gerade ein so schöner Frühlingstag ist. Versenden Sie einen Beutel Erkältungstee, wenn Ihr Telefonpartner hörbar schnieft. Schreiben Sie einen netten Gruß, weil Sie „einfach so" an Ihren Kunden gedacht haben, und wünschen Sie ihm einen netten Tag. Das ist gar nicht so aufwendig, kommt aber mit Sicherheit gut an. Beweisen Sie Ihre Zuneigung, indem Sie sich merken, was der Kunde mag. Lassen Sie ihn spüren, dass Sie sich ernsthaft für ihn interessieren – auch als Mensch, nicht nur als Konsument. Bringen Sie sich mit einer kleinen Aufmerksamkeit in Erinnerung. Ein kleines Präsent, unterhalb der Schwelle zum geldwerten Vorteil, ist schon für wenige Cent zu bekommen. Lassen Sie den Kunden spüren, dass Sie ihn mögen, auch wenn er längere Zeit nicht bei Ihnen bestellt hat.

Zu den Kardinalfehlern in der Kundenbetreuung gehört, andere Leute vorzuschicken, zum Beispiel den Azubi oder die Praktikantin. Ich rate Ihnen: Wenn ein Kunde bei Ihnen gekauft hat, muss er auch von Ihnen weiter betreut und gepflegt werden. Delegation ist möglich, zum Beispiel bei schnell zu klärenden, ganz praktischen Fragen, aber nicht, wenn es um die persönliche Betreuung geht. Gehen Sie sicher, dass

Sie als Verkäufer nie ganz von der Bildfläche verschwinden – denn Ihre Nebenbuhler warten nur darauf, dass Sie schwächeln.

Übrigens, damit Ihre Kundenbeziehungen langfristig erfolgreich bleiben, dürfen Sie den Aspekt der Klarheit nicht außer Acht lassen. Viele Kommunikationsprobleme rühren daher, dass wir uns nicht eindeutig ausdrücken. Ein Beispiel: Gehen wir einmal davon aus, dass Sie Interior-Designer sind und engagiert wurden, um die Büroräume eines mittelständischen Unternehmens neu zu gestalten. Sie haben sich auf grüne Wände geeinigt. Als teambildende Maßnahme möchte das Unternehmen seine Mitarbeiter miteinbeziehen. Jeder macht das Büro eines anderen schick und streicht es grün. Bei 20 Mitarbeitern werden die Wände wahrscheinlich in 20 verschiedenen Grüntönen gestrichen werden. Zusätzlich haben sicherlich einige eine Wischtechnik angewandt, andere haben Musterschablonen benutzt oder Farbverläufe gestrichen. Die Möglichkeiten sind schier unendlich. Die Idee war jedoch, eine einheitliche Farbgebung im Sinne der Corporate Identity zu schaffen. Selbst wenn Sie die Farbe genauer, zum Beispiel als „Apfelgrün“ bezeichnen, kommen mit Sicherheit immer noch um die zehn verschiedenfarbige Wände dabei heraus. Definieren Sie also den Auftrag eindeutig und unmissverständlich, um unangenehme Überraschungen zu vermeiden.

Kennen und pflegen Sie Ihre Kunden in regelmäßigen, sinnvollen Abständen, und kommunizieren Sie klar und eindeutig. Sie haben die besten Chancen auf langfristige Beziehungen, wenn Sie Ihre Betreuung so individuell wie möglich gestalten und so klar wie möglich kommunizieren.

FLÜSTER TIPP!

Dauerbrenner – fünf goldene Flüsterregeln

Menschen in langjährigen Partnerschaften und Unternehmen mit glücklichen Kundenbeziehungen haben verstanden, dass die Beziehungspflanze regelmäßig Wasser, ab und zu etwas Düngung und immer wieder liebevolle Pflege braucht, damit sie wachsen und gedeihen kann, unabhängig davon, ob es sich ums Privatleben oder um den Job handelt. Die junge Beziehungspflanze braucht etwas mehr Aufmerksamkeit als der stabil gewachsene Baum – und andere Mittel für Gedeih und Wachstum. Wenn der Samen gesät ist, die richtige Pflege den Samen zum Gedeihen gebracht hat, und wenn die kleine, zunächst noch empfindliche Pflanze dann ordentlich wächst, gibt es die Zeiten, in denen sie weniger Aufmerksamkeit braucht. Dennoch sollte ein guter Gärtner immer wieder „ein Auge“ darauf haben und prüfen: Gibt es Pilzkrankheiten, Läuse oder räuberische Insekten? Wann ist es Zeit für Dünger, wann muss einmal ein Blättchen entfernt werden? Genauso kann man es auf Beziehungen privat und im Business übertragen. Ist aus der Pflanze ein stabiler Baum geworden, braucht es andere Aufmerksamkeiten und Rituale für die Pflege. Übertragen Sie einfach bildlich die Gartenidee auf Ihre Kunden. Dann kann gar nicht so viel schiefgehen.

Wussten Sie, dass laut World Health Organisation (WHO) unser zentrales Nervensystem maximal 36 Monate benötigt, um sich an einen erhöhten Hormonspiegel zu gewöhnen? Danach sinkt die empfundene Euphorie. In der Regel geht das sogar schneller. Oder waren Sie schon einmal drei Jahre lang verliebt? Wir müssen also erkennen, dass unsere Verliebtheitsphase endlich ist – die Liebe hingegen muss es nicht sein. Denn es sind Gefühle der Verbundenheit, der Wärme oder der Zusammengehörigkeit, die dafür sorgen, dass wir sogar ein ganzes Leben zusammenbleiben. Diese Emotionen werden im Gehirn abgespeichert und binden uns dadurch an einen Partner. Um eine langfristige Bindung einzugehen, das gilt selbstverständlich im Job genauso wie im Privatleben, geht es nicht darum, die Schmetterlinge im Bauch zu nähren, sondern die Bindung liebevoll, regelmäßig und dauerhaft zu stärken. Denn wenn wir die Liebe nicht pflegen, dann schläft sie ein – gerade dann, wenn wir im Stadium der Gurkenmasken, Lockenwickler, Schlabberpullis und

Jogginghosen angekommen sind. Finden Sie also als Berater, Verkäufer oder auch als Kollege, Chef oder Mitarbeiter immer wieder einen Weg, die Hormone in Wallung zu bringen. Schaffen Sie Gemeinsamkeiten, Interessenaustausch und Zuwendung, um das Beziehungspflänzchen liebevoll und angemessen zu pflegen.

Hier meine fünf goldenen Flüsterregeln für liebevolle Kommunikation und gute Beziehungspflege:

1. Lieben Sie Ihren Kunden

Wenn Sie es geschafft haben, eine Beziehung auf eine gesunde Basis zu stellen, dann sollten Sie die Herausforderung annehmen und es Ihrem Gesprächspartner nicht gleich verübeln, wenn er einmal nicht so liebenswert ist, wie er eigentlich sein könnte. Ein falscher Satz oder auch einmal ein falscher Tonfall sollten nicht die ganze Beziehung ins Wanken bringen.

Lieben Sie Ihre Kunden auch dann, wenn sie – im übertragenen Sinne – die Gurkenmaske aufgelegt haben und Lockenwickler tragen. Versuchen Sie aber unbedingt, sich nicht dabei zu verbiegen. Zu einer großen Liebe gehört auch, dass wir mit Respekt kritisieren können. Sie möchten, dass Ihr Gegenüber einen freundlicheren Ton anschlägt, dann bitten Sie ihn darum. Gehen Sie einfach als gutes Vorbild voran. Denn so, wie wir in den Wald hineinrufen, so schallt es in der Regel auch zurück. Denken Sie daran, dass Sie sich selbst, Ihr Unternehmen, Ihre Marke und Ihr Produkt repräsentieren – das wollen Sie sicherlich immer auf die bestmögliche Art und Weise.

Trotzdem wird es Momente geben, in denen Sie Ihren Kunden nicht lieben. Sie werden immer wieder mit Krisen und schwierigen Situationen konfrontiert werden. Es gibt aber Wege, um sich immer an die guten Seiten Ihrer Beziehung zu erinnern, anstatt sich in negative Emotionen hineinzusteigern. Wichtig ist dabei, dass Sie im Moment präsent sind. Sie sollten sich nicht auf Diskussionen einlassen, Raum für Pausen geben und ganz viel zuhören. Und wenn es trotzdem einmal in Ihnen brodelt, dann wenden Sie die nun folgenden Übungen an: „Das Wasserglas" oder „Das Aquarium".

Mit der Übung „Das Wasserglas" können Sie in Sekundenschnelle wieder ins Gleichgewicht kommen. Ein Coachingkunde stellte sich immer einen klaren Bergsee vor. Das ist ebenso effektiv. Finden Sie Ihr individuelles Bild, Ihre persönliche Übung: Wichtig ist, dass Sie in Ihrer Klarheit bleiben, in der Gegenwart, und nicht in die Emotion hineingeraten, die sich anbietet oder aufdrängt. Mit dieser Übung gelingen auch Dialoge in schwierigen Situationen. Wichtig: Verzichten Sie aufs Rechthabenwollen. Im Universum Ihres Kunden gibt es eine andere Sichtweise. So gelingt Kommunikation selbst bei schlechten Nachrichten. Wenn Sie einem Kunden Informationen vermitteln müssen, die diesem nicht schmecken werden, bleiben Sie innerlich frei und neutral. Malen Sie sich nicht aus (Kopfkino), wie es laufen wird, sondern legen Sie die Karten auf den Tisch – einfühlsam, freundlich, aber klar und ohne „Schmu" ...

Übung 12: Das Wasserglas (von Tao-Lehrer Shangshi aus China)

Stellen Sie sich ein Glas Wasser vor, in dem Sand oder Erde das Wasser trüben. Sie sehen eine unklare Brühe, den sprichwörtlichen Sturm im Wasserglas. Das reflektiert die Situation, in der Sie sich befinden, wenn Sie aufgeregt oder nervös sind. Wenn Sie dieses Glas, ganz real oder im Geist, vor sich auf den Tisch stellen, dann trennt sich der Schmutz bzw. der Sand oder die Erde ganz langsam vom klaren Wasser und rieselt zu Boden. Das Wasser kommt zur Ruhe und wird klarer – wie Ihre Gedanken.

Notizen

____

____

____

Übung 13: Das Aquarium

Wenn Sie eine Situation oder einen Menschen als belastend empfinden, wenn Sie Angst davor haben, etwas zu klären oder einen Anruf zu tätigen, dann stellen Sie sich ein Aquarium vor. Wenn Sie eines haben, dann noch besser. Setzen Sie sich tatsächlich oder im Geist vor dieses Aquarium und beobachten Sie, was passiert. Da zieht ein roter Fisch vorbei. Und dann kommt ein gelber. Hinten in der Ecke schwimmt ein großer Fisch, am Grund ein kleiner. Das Aquarium als Assoziation eignet sich so gut, weil Sie dabei wertfrei bleiben. Sie stellen sich ja nicht davor und schreien „Was für ein dämlicher roter Fisch" oder „Dieser gelbe Fisch ist so widerlich". Sie sitzen davor, schauen hinein und werden ganz schnell merken, wie Sie die Situation entspannt und sich Ihre Stimmung neutralisiert.

Notizen

2. Bleiben Sie originell

Je länger wir als Partner, als Kollegen, Mitarbeiter, Berater, Verkäufer oder Kunden zusammenarbeiten, desto leichter schleicht sich der Beziehungsalltag ein. Anfängliche Originalität und Einzigartigkeit werden auf ein Standardrepertoire zurückentwickelt. Wir beginnen aufgrund der liebevollen Gewohnheit, unser Gegenüber als selbstverständlich anzusehen und arbeiten dann oftmals mit Floskeln und Standardantworten.

Aufgrund der Gewohnheit nimmt unsere Aufmerksamkeitsspanne am Telefon ab, und hin und wieder ertappen wir uns dabei, wie wir bereits E-Mails lesen, während wir uns noch unterhalten.

Kommt Ihnen das bekannt vor? In der Realität ist es leider oft so, dass uns die Zeit fehlt, um originell zu bleiben, weil wir uns zu viel vornehmen. Was nützt es Ihnen, kurzfristig zehn Kunden mehr zu haben, wenn sie nach und nach wieder abspringen, weil sie sich nicht gut betreut fühlen? Was nützt es Ihnen, wenn Ihr Chef sich freut, dass Sie ihm so viele Aufgaben abnehmen, wenn Sie diese dann nicht sorgfältig erledigen können? Und was nützt es, wenn Sie sich als Chef um alles selbst kümmern wollen, für Ihre Mitarbeiter mitdenken und dann am Ende Ihre

Führungsaufgaben nicht erfüllen können? Es ist offensichtlich, dass in all diesen Fällen Qualität und die Besinnung auf das Wesentliche besser sind als Quantität.

Wie sehr wir uns auch immer vornehmen, nicht in diese Alltagsfalle zu tappen – meist schnappt sie trotzdem zu. Deshalb lassen Sie am besten Individualität und Kreativität in der Zusammenarbeit zu Ihrem Alleinstellungsmerkmal werden, und vermeiden Sie es, aus Standardrepertoires zu schöpfen.

Übung 14: Die Kreativliste

Schreiben Sie sich am besten immer auf, wenn Ihnen etwas Besonderes an Ihrem Kunden auffällt oder wenn Sie selbst etwas Besonderes erleben. Sie müssen das Rad nicht neu erfinden. Es gibt so viele tolle Ansätze, die Sie weiterverfolgen und individualisieren können. Je detaillierter Sie im Vorfeld über Ihre Kunden Notizen gemacht haben, desto individueller können Sie nun kreativ sein. Schöpfen Sie Ihre Möglichkeiten aus. Fangen Sie gleich hier und jetzt damit an und notieren Sie für zwei Ihrer Kunden bestimmte Merkmale wie Essgewohnheiten, Hobbys und so weiter:

Kunde 1

Kunde 2

3. Durchbrechen Sie lieb gewonnene Rituale

Rituale signalisieren Treue, Verlässlichkeit und Zusammengehörigkeit. Keine Gesellschaft kommt ganz ohne sie aus. Eine Studie der Duisburger Krankenkasse Novitas BKK belegt, dass rund 37 Prozent aller Menschen hierzulande ein Morgenritual pflegen, ohne das sie gar nicht richtig in Gang kommen. Dabei seien es besonders Frauen, die morgens ihren Kaffee trinken, in Ruhe Zeitung lesen oder eine Runde joggen gehen, um den Tag positiv zu starten. In Beziehungen symbolisieren Rituale gemeinsames Erleben und sind oft das, was uns zusammenhält. Was sie langweilig macht, ist ihre Vorhersehbarkeit. Wenn aus einem Ritual Routine wird, dann wird es höchste Zeit, diese Rituale im Sinne der Beziehungspflege zu durchbrechen.

Viele folgen der klassischen AIDA-Formel: Aufmerksamkeit erzielen, Interesse wecken, Wunsch beim Kunden aufbauen und Abschluss tätigen beziehungsweise „Attention“, „Interest“, „Desire“ und „Action“ – ein echter Marketingklassiker. Was AIDA hingegen völlig vernachlässigt, ist die Zeit nach dem Kauf.

Legen Sie den Fokus auf Beratung und Betreuung nach dem Zuschlag! Überraschen Sie dabei Ihr Gegenüber einmal mit prickelndem Improvisationstheater! Werfen Sie Rituale über Bord – und auf geht es ins Abenteuer Beziehungspflege, indem Sie spontan und authentisch agieren und reagieren. Zeigen Sie jeden Tag aufs Neue, dass Sie über den Tellerrand hinausschauen und Ihre Gedanken flexibel einsetzen können.

Es gibt unendlich viele Methoden, mit denen Sie Ihre Rituale über Bord werfen und ganz antiregulär Neues entdecken und erarbeiten können. Fangen Sie der Einfachheit halber an einem Wochenende mit der folgenden Übung an.

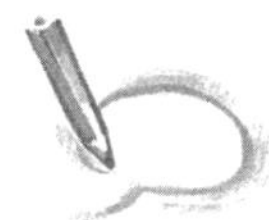

Übung 15: Der Ritualmord

Anstatt auszuschlafen, stehen Sie einmal um 6 Uhr auf und meditieren ein wenig. Zu esoterisch? Dann gehen Sie eine Runde spazieren und beobachten Sie, wie die Welt um Sie herum aufwacht. Schon bald werden Sie merken, welche Bilder, Geräusche und Düfte Ihnen bisher entgangen sind. Selten einmal befinden sich Stadt und Land so in der Hand der Natur wie an einem Wochenende morgens um 6.

Legen Sie sich abends immer schon Ihre Kleider für den nächsten Tag zurecht? Dann lassen Sie diese Gewohnheit doch einfach einmal eine Woche lang bleiben und entscheiden Sie sich morgens spontan und ganz im Augenblick, wonach Ihnen der Sinn steht. Vielleicht bekommen Sie dadurch ein anderes Körpergefühl, vielleicht wird es morgens auch nur ein bisschen hektischer. Aber je mehr solcher kleiner Ritualmorde Sie begehen, umso mehr ändert sich Ihre ganze Lebens- und Arbeitseinstellung. Sie entdecken neue Perspektiven und Möglichkeiten.

Notizen

4. Legen Sie sich die richtige Haltung zu

Sie können nur dann eine gute Haltung gegenüber Ihren Gesprächspartnern entwickeln, wenn Sie eine gute Haltung zu sich selbst haben. Die Haltung Ihrem Chef, Kollegen, Kunden oder Lebenspartner gegenüber sollte natürlich positiv sein – das bedeutet: weg von der Daily Soap hin zu Ihrem Lieblingsfilm. Auf das Business übertragen heißt das, durch neue Impulse frischen Schwung in Ihre Beziehung zu bringen. Stellen Sie einem Kunden zum Beispiel zum geeigneten Zeitpunkt einmal ein neues Produkt vor, das gut zu ihm passt, auch wenn er mit seinem bisherigen Produkt ganz zufrieden ist. Oder machen Sie einen Kunden auf neue Lösungswege für seine Probleme aufmerksam. Vielleicht besuchen Sie einmal zusammen eine Messe, um gemeinsam neue Ideen zu entwickeln und Impulse zu sammeln – oder planen Sie einen gemeinsamen Brainstormingtag, der mit dem Konzert der Lieblingsband Ihres „Partners" endet.

Hier gibt es unendlich viele Möglichkeiten, um die Zusammenarbeit so wunderbar und erfrischend wie möglich zu gestalten. Zeigen Sie Ihrem Gegenüber wann immer möglich Ihre Wertschätzung und signalisieren

Sie Ihr Interesse. Am wichtigsten ist jedoch, dass Sie im Miteinander die „Daily (Head) Soap“ abschalten und stattdessen zum Beispiel eine romantische DVD einlegen. Wir alle haben eine Grundprägung, eine Tendenz, wie wir uns anderen Menschen gegenüber verhalten. Manchmal reicht ein Trigger – und der Startknopf für den nervenaufreibenden Krimi ist gedrückt. Je schneller Sie dieses Muster erkennen, desto besser.

Was Sie am besten sofort tun, wenn sich der falsche Film in Ihrem Kopf abzuspulen beginnt, zeigt die folgende Übung.

Übung 16: Der DVD-Wechsel

Treten Sie in Situationen, in denen sich automatisch Ihr üblicher Film einschaltet, einen Schritt zurück und beobachten Sie die Szene zunächst als neutraler Beobachter. Sobald Ihnen klar ist, welcher Film hier gerade abläuft, machen Sie sich bewusst, dass Sie der Regisseur, der Chef sind, der bestimmt, wie Ihr Film aussehen soll. Dann lassen Sie den Krimi oder was auch immer auf keinen Fall bis zum Ende durchlaufen. Wer der „Mörder" ist, spielt keine Rolle. Versuchen Sie schnell, die DVD zu wechseln!

Und so geht's: Gehen Sie aus der Reaktion in die Aktion und gestalten Sie Ihren eigenen Film mit all dem, was Sie gut können und was Ihnen Spaß macht. Lassen Sie den Hauptdarsteller kundenflüstern und packen Sie Ihre ganzen positiven Seiten mit hinein. Aber nicht flunkern – den Film „Baron Münchhausen" gibt es schon – und da spielt Jan Josef Liefers die Hauptrolle ...

Notizen

Kurzbeschreibung:

1. Erkennen Sie, dass Ihr übliches „Lieblingsdrama" läuft.
2. Stellen Sie sich einen DVD-Player vor, in dem diese DVD liegt.
3. Drücken Sie – gedanklich – die Stopptaste.
4. Stellen Sie sich vor, wie Sie die DVD rausholen.
5. Legen Sie eine neue DVD mit Ihrem eigenen positiven Film ein.

5. Akzeptieren Sie, dass es Jahreszeiten in der Kundenbeziehung gibt

Jede Beziehung durchläuft Höhen und Tiefen. Warum sollte es also in Ihren Geschäftsbeziehungen anders laufen. Das ist ganz normal und nichts, was Sie aus der Ruhe bringen sollte. Keine schöne Blume kann immer nur blühen. Das tut sie meist im Frühjahr und im Sommer. Spätestens im Herbst ist von der Blüte nichts mehr zu sehen und sie richtet sich langsam auf den kommenden Winter ein. Manchmal tut es auch einer noch so guten Beziehung gut, wenn Sie eine kurze Zeit in den Winterschlaf geht. Machen Sie also zwischendurch auch einmal eine Pause. Vielleicht ist es sogar angesagt, wenn Sie beim Gärtnern einige Äste zurückschneiden – das wirkt wachstumsfördernd, wenn es zur rechten Zeit und in der angemessenen Art und Weise durchgeführt wird.

Lassen Sie Ihrem Gegenüber immer genug Luft zum Atmen und Platz zur Entfaltung. Wenn er sich ein wenig zurückziehen möchte, dann heißt das noch lange nicht, dass Sie ihn verloren haben. Lassen Sie ihn ruhig einmal „fremdeln". Wir können nicht nonstop ausschließlich im Flirtmodus sein. Und auch Ihnen muss man zugestehen, dass Sie für eine Weile die gewohnte Aufmerksamkeit zurücknehmen. So lange Sie immer wieder an die guten Zeiten anknüpfen, ist alles „im grünen Bereich" ...

Happy End

Liebe Kundenflüsterer, ich gratuliere Ihnen nochmals! Sie haben es mit etwas Mühe und Ausdauer geschafft, ein Kommunikationspartner par excellence zu werden. Ich möchte mich ganz herzlich dafür bedanken, dass Sie diesen Weg mit mir gemeinsam gegangen sind. Ich bin überzeugt davon, dass Ihr Leben von nun an heller, freundlicher und erfüllter sein wird. Ihre Dialoge sind wieder echte Dialoge – und das ist sehr wichtig, denn Kommunikation ist immer und überall der Schlüssel für gute Beziehungen im Beruf und im Privatleben. Von nun an machen Sie sich, Ihre Vorgesetzten, Ihre Kollegen und Ihre Kunden jeden Tag ein bisschen glücklicher.

Wir haben über die Last mit Leitfäden gesprochen und gesehen, warum das Kommunizieren heute dank E-Mail, Twitter, Facebook und Co. so viel schwieriger geworden ist. Wir haben die Lust auf Leichtigkeit beleuchtet und bemerkt, wie einfach es sein kann, sich zu verstehen. Wir haben festgestellt, dass Flirt und Business jede Menge gemeinsam haben und sich die Grundregeln einer Zweierbeziehung problemlos auf Geschäftsbeziehungen übertragen lassen.

Flirt ist Akquise. Akquise ist Flirt. Mit dieser einfachen Gleichung können Sie sich und Ihrem Gegenüber Glücksmomente ermöglichen und Ihren Erfolg steigern, was auch immer Sie „verkaufen" wollen.

Dass Flirten schön ist und Spaß machen kann, ist Ihnen, liebe Kundenflüsterer, nicht neu, das Wissen jedoch, dass es auch im Verkauf Türen und Herzen öffnet, ist der Wind in Ihren Segeln, der Sie beflügelt! Und vergessen Sie es nicht: Ohne ein wenig Selbstliebe, ohne gesunde, freundliche „innerbetriebliche" Kommunikation kann man nach außen nur eine schlechte Rolle spielen. Alles andere ist Zeit- und Geldverschwendung, denn Kommunikation ohne Herzblut versandet. Die Wurzel allen Glücks ist Ihr eigenes Selbst. Aus ihr kann eine gute Kommunikation nach außen erwachsen, sie ist der Baumstamm, der wichtige Stabilisator für jede Beziehung, die dauerhaft wächst. Im nächsten Schritt entstehen dann die Äste, die Verzweigungen, die Blätter.

The Flirt must go on! Setzen Sie Ihre Leidenschaft ein, nutzen Sie die praktischen Hinweise und Übungen des Buches – und ich garantiere Ihnen, dass Sie damit die beste Grundlage geschaffen haben, um aus dem ersten Rendezvous eine dauerhafte Beziehung entstehen zu lassen! Sie sind jetzt ausgebildeter Kundenflüsterer – und die Welt der dauerhaft erfolgreichen Beziehungen steht Ihnen offen!

Also: Flüstern wir!

Übungsteil

Hier finden Sie alle Übungen aus Kapitel 3 noch einmal gesammelt.

Übung 1: Die 30-Tage-Übung

Notieren Sie, was Ihnen an sich selbst gefällt, und lassen Sie alle negativen Gedanken über Bauch, Beine, Po weg. Es geht hier nicht um das Visualisieren von möglichen Zielen oder um Eitelkeit. Finden Sie Ihre Schokoladenseite, ihre tollen Eigenschaften, feine Details, die jetzt endlich einmal gewürdigt werden können! Denken Sie zum Beispiel an Ihr Lächeln, Ihre Hände, Füße, Augen und so weiter. Schreiben Sie auf, was Sie an sich mögen. Und nun beginnt die eigentliche Übung: Gehen Sie vor den Spiegel* und sprechen Sie sich selbst zu, was Ihnen an sich selbst gefällt, zum Beispiel: „Ich habe wunderschöne braune Augen, ein herzliches Lachen, glänzendes Haar, großartige dichte Wimpern ... Immer, wenn Sie sich ab jetzt im Spiegel sehen, sagen Sie laut oder flüsternd das Kompliment an sich selbst.

Wenn Sie zu sich selbst „Ich liebe mich von ganzem Herzen" sagen können, dann haben Sie das Flüstern schon richtig verinnerlicht! Genauso gut und förderlich ist auch die Variante „Ich mag mich, meine herzliche Art ...".

* nach Hay, Louise

Egal, wo Sie sich in den nächsten 30 Tagen „spiegeln", ob im Autorückspiegel, im Schaufenster oder woanders, sagen, murmeln oder denken Sie Ihr Kompliment. Stoppen Sie den Blick auf all das, was Sie nicht haben! Sollte sich der innere Kritiker wieder melden, hören Sie nicht auf ihn und sagen Sie sich sofort Ihr Kompliment. Nach 30 Tagen hat Ihr inneres System eine Veränderung erfahren und Sie werden gestärkt sein.

Liste der Komplimente

Übung 2: Die Liste meiner Qualitäten und Potenziale

Erstellen Sie eine Liste all Ihrer Qualitäten, die Sie in Ihren Wirkungskreis einbringen. Sie können dafür auch die hier vorgegebene Tabelle nutzen.

Qualität	**Potenzial**
Ich kann komplexe Sachverhalte gut erklären.	Ich kann bei Neuerungen im Unternehmen das Training von anderen Kollegen übernehmen und bei Change-Prozessen gut als Schnittstelle zwischen Führungsetage und Mitarbeitern wirken.

Am besten ergänzen Sie diese Liste um mindestens fünf weitere Punkte. Und immer, wenn Ihnen neue Qualitäten bei sich auffallen, schreiben Sie diese auf. So finden Sie die Potenziale, die in Ihnen stecken. Sie werden schnell bemerken, was Sie alles können und wo Ihre Stärken liegen. Das ist Honig fürs Selbstbewusstsein.

Übung 3: Mein Eigenlob-Buch

Kaufen Sie sich ein Büchlein, nicht größer als Din A5, und nutzen Sie es für Ihr Eigenlob-Ritual. In dieses Buch können Sie auch Ihre Komplimente eintragen aus der ersten Übung sowie die Qualitäten und Potenziale. Beim Eigenlob geht es jetzt um Ihre Grundqualitäten und Ihre guten Eigenschaften.

Schreiben Sie auf, was Sie gut können, erkennen Sie Ihre Stärken und guten Charaktereigenschaften.

Ergänzen Sie das „Eigenlob-Buch" regelmäßig und nutzen Sie es als Motivationsbuch, indem Sie immer wieder einmal hineinschauen. Schreiben Sie nur das auf, was wirklich stimmt oder mindestens zu 70 Prozent zutrifft.

Notizen

Übung 4: Körpersprache und ihre Auswirkungen

Schnappen Sie sich einen Freund oder Kollegen und telefonieren Sie mit ihm:

a) im Stehen und schauen Sie dabei zu Kollegen, aus dem Fenster oder anderswohin
b) beim langsamen Gehen
c) während Sie Kaffee kochen
d) während Sie sich leger im Bürostuhl zurücklehnen und mit dem Stuhl wippen
e) während Sie aufrecht sitzen und sich Ihren Gesprächspartner vorstellen, ihn gewissermaßen vor sich sehen
f) während Sie aufrecht sitzen und irgendwohin schauen, Kollegen, Ihre Kinder oder etwas anderes, das Ihr Interesse anzieht, beobachten
g) im Liegen
h) während Sie nebenbei E-Mails lesen

Ich verspreche Ihnen, Ihr Gesprächspartner wird jede Veränderung an Ihrer Stimme und Ihrer Art zu sprechen bemerken. Wenn er ein aufmerksamer Zuhörer ist, wird er Ihnen sogar ziemlich detailliert sagen können, in welcher Haltung Sie sich befinden und was Sie noch tun, während Sie ihm zuhören. Woran liegt das?

a) An der Atmung: Wenn Sie ruhig und souverän stehen oder sitzen, können Sie am besten atmen und klingen daher stimmig. Wenn Sie liegen oder sich in einem Sessel lümmeln, atmen Sie flacher und Sie klingen schnell nasal.

b) An den Nebengeräuschen: Wenn Sie sich nebenbei auch nur mit der Maus durch einige Internetseiten klicken, ist das hörbar. Viele Telefone oder Kopfhörer verstärken nämlich Nebengeräusche.

c) Am Fokus: Wenn Sie, während Sie telefonieren, gleichzeitig E-Mails checken, etwas anderes lesen oder andere Menschen beobachten, verändert sich Ihr Fokus und Sie sprechen und klingen unaufmerksam. Sie verlieren Ihre Präsenz.

Notizen

Übung 5: Liebe zur Arbeit

Schreiben Sie ab heute 14 Tage lang jeden Tag auf, was Sie an Ihrer Arbeit, Ihrem Arbeitsplatz, Ihren Kollegen, Ihrem Unternehmen, an den Produkten oder Ihren Projekten mögen!

Räumen Sie in Ihrem Kopf mit allem Ärger und Unmut auf, lassen Sie diesen bewusst ruhen und gehen Sie einfach nicht gedanklich darauf ein! Widmen Sie sich in diesen 14 Tagen nur dem, was gut ist! Beobachten Sie, schauen Sie und schreiben Sie auf! Jede Kleinigkeit zählt.

Themen könnten sein:
Toll ist
... an meinen Kollegen ...
... an meiner Arbeit ...
... an meinem Arbeitsplatz ...
... an meinem Unternehmen ...
... an meinen Projekten ...

Notizen

Übung 6: Das Gespräch mit dem Spiegel – Übung für Fortgeschrittene

Sie haben sich selbst mit immer wieder neuen Komplimenten überrascht (siehe Übung 1) und sind nun bereit für den nächsten Schritt – hier folgt Ihre weiterführende Übung: Blicken Sie morgens in den Spiegel und heißen Sie den Tag ganz herzlich willkommen. Erzählen Sie Ihrem Spiegelbild, was Ihnen heute alles Wunderbares widerfahren wird und worauf Sie sich freuen. Sie werden sehen: Das stabilisiert Sie nachhaltig, besonders wenn Sie es öfter tun.

Übrigens: Selbstgespräche sind vollkommen normal und keineswegs seltsam. Wir tun es ständig in Gedanken und wenn wir laut mit uns sprechen. Sie sind also kein Freak, nur weil Sie mit sich oder Ihrem Spiegelbild ins Gespräch gehen – versprochen!

Notizen

Übung 7: Stehende Säule oder Stehen wie ein Baum (Zhang Zhuang Qigong)*

1. Stellen Sie die Beine hüftbreit nebeneinander auf (nicht zu breit).

2. Drehen Sie die Fußspitzen ganz leicht nach innen.

3. Gehen Sie nun ein kleines Bisschen in die Knie (minimal, nicht durchdrücken). Stellen Sie sich kurz vor, wie Sie sich auf einen Stuhl setzen würden. Das hilft für Punkt 4.

4. Nun stellen Sie sich vor, an Ihrem Steißbein würde ein Gewicht nach unten ziehen. Diesem Zug nach unten folgen Sie, indem Sie leicht sinken. Das Hauptgewicht Ihres Körpers sollte sich jetzt im Bereich der Fersen absetzen (und nicht in den Fußballen). Damit schonen Sie Ihre Knie und dehnen („öffnen") die Lendenwirbelsäule.

5. Dann führen Sie die Arme leicht, aber mit Energie, kraftvoll nach vorne, so, als ob Sie einen Baum umarmen wollten. Wichtig: Der Kreis, den die Arme jetzt ausführen, ist nicht leer! Sie umarmen einen Baum, ohne sich zu verkrampfen. Die Arme haben einen leichten Widerstand, als wenn jemand dagegen drückt. Und die magische Zutat nicht vergessen: Lächeln!

* mit freundlicher Unterstützung von Stefan Frey

Bleiben Sie in dieser Position so lange, wie Sie können, und spüren Sie, wie sich Ihr Körper dabei wieder mit der Erde verwurzelt und zurück in Stabilität und Balance findet. Führen Sie diese Übung am Anfang nur zwei bis drei Minuten aus, da sonst schnell die Schultern wehtun. Ziel ist es, jeden Tag zehn Minuten oder ein bisschen mehr zu üben. Das wirkt Wunder!

Wichtig ist, dass Sie sich einen Partner suchen, der a) gegen die Arme drückt, damit Sie ein Gefühl für den „Widerstand" haben, und der b) versucht, Sie seitlich wegzuschieben. Der Partner greift an Ihre Seite, während Sie stehen, und drückt Sie weg. Sie bleiben stabil stehen. Das klappt meist sogar schon sehr schnell!

Das Entscheidende bei dieser Übung ist die Beinhaltung insgesamt, von den Füßen über die Knie bis zum Po.

Machen Sie die Gegenprobe und stellen Sie sich ganz normal hin: Sie werden sehen, wie einfach Sie jetzt den anderen wegschieben können.

Notizen

Übung 8: Aufnahme von Erdenergie

1. Stellen Sie sich locker, leicht breitbeinig hin (hüftbreit).

2. Stellen Sie sich vor, Sie stehen auf angenehm warmer Erde. Nun stellen Sie sich vor, wie Sie diese kraftvolle Erdenergie über die Füße aufnehmen. Lassen Sie diese Energie über die Beine bis in den Bauchraum wandern (wie warmes Wasser, das aufsteigt – oder wie ein feiner Nebel).

3. Sammeln Sie die positive Energie im Bauchraum.

4. Im nächsten Schritt schicken Sie alles, was Sie belastet, ärgert, alles Dunkle und Negative als dunklen Rauch in den Bauchraum. Nun stellen Sie sich vor, wie das Ganze wie bei einer Waschmaschine im Bauchraum kreist, schicken Sie dann den dunklen Rauch auf dem umgekehrten Weg durch die Beine in Richtung Erde, und geben Sie diese negative Energie in Form von schwarzem Rauch nach unten hin ab.

5. Wiederholen Sie diesen Kreislauf für zwei bis fünf Minuten und schließen Sie die Übung immer mit der Aufnahme von positiver Erdenergie ab. Legen Sie dabei die Hände auf den Bauch und genießen Sie die gesammelte Stärke.

Notizen

Übung 9: Flüsterhören und -wiedergeben

Am besten üben Sie das Zuhören einmal aktiv. Das können Sie zum Beispiel mit dem Partner oder einem Freund zusammen durchführen.

1. Überlegen Sie sich gemeinsam ein Thema, über das Sie beide ein paar Minuten sprechen möchten.
2. Person 1 spricht ein bis zwei Minuten über dieses Thema und vertritt dabei eine Meinung.
3. Person 2 gibt dann diese Meinung zum Thema so genau wie möglich wieder.
4. Das üben Sie so lange, bis Person 1 eindeutig bestätigen kann, dass sie richtig verstanden und wiedergegeben wurde. Im Anschluss tauschen Sie die Rollen.
5. Nach einer Weile können Sie die Zeiträume fürs Zuhören verlängern.

Notizen

Übung 10: Das Interview – eine Übung für das „Kundenflüstern Advanced"

Auch für diese Übung sollte man zu zweit sein, und es empfiehlt sich, noch eine dritte Person als Beobachter dabeizuhaben, was jedoch kein absolutes Muss darstellt. Einer der Beteiligten ist der Interviewte und einer der Interviewer, beide wechseln im Verlauf die Rollen. Das Zeitfenster für die Übung ist jeweils etwa 20 Minuten.

Der Interviewte denkt sich ein Thema aus, über das er berichten möchte. Dieses Thema gibt er in Form einer Headline bekannt. Nun ist es die Aufgabe des Interviewers, mithilfe von Fragen und eines Dialogs das Thema zu erforschen und die Gedanken des Gegenübers kennenzulernen – mit dem Ziel, am Ende des Interviews in maximal zwei Minuten alle Inhalte zusammenfassen zu können. Das Interview soll in etwa 10 Minuten dauern. Danach hat der Interviewer fünf Minuten Zeit, die Infos zusammenzufassen, um sie dann in maximal zwei Minuten Länge zu präsentieren.

Der Interviewte hört zu und gibt anschließend Feedback:

- Ist mein Kernpunkt klar erkannt?
- Das, was mir am Herzen lag, ebenso?
- Sind die Prioritäten klar herausgestellt?

Umgekehrt ist es ebenfalls relevant: Hat der Interviewte das, was ihm wichtig war, auch als wichtig hervorgehoben?

Notizen

Diese Übung stärkt zwei Kommunikationsebenen: einerseits das Zuhören und präzise Wiedergeben der Kernpunkte und andererseits auch die selbstreflektive Ebene: Habe ich klar die Kernpunkte formuliert, damit das Gegenüber auch die Prioritäten erkennen kann? Die Rolle des Beobachters ist in diesem Zusammenhang sehr wichtig, um konstruktives Feedback zu geben. Die Übung lässt sich jedoch auch gut zu zweit durchführen.

Kurzbeschreibung:

Person 1: Definiert das Thema als Headline.
Person 2: Führt das Interview und notiert die Kernpunkte.
Dauer: 10 Minuten
Person 2: Sortiert die Stichpunkte und erarbeitet eine Kurzpräsentation des Inhalts.
Person 1: Wartet in dieser Zeit.
Dauer: maximal 5 Minuten
Person 2: Präsentiert den Inhalt.
Dauer: 2 Minuten
Person 1: Gibt Feedback. Findet sich Person 1 in dem von Person 2 Geschilderten wieder, so sind die Kernpunkte getroffen.

Übung 11: Erfolgreiche Kaltakquise

1. Suchen Sie sich einen Partner zum Üben.
2. Vereinbaren Sie eine Zeit, wann Sie beide telefonieren. Ihr Partner ist der Kunde und Sie führen die Kaltakquise durch.
3. Besprechen Sie vor dem Telefonat die Rolle, die Ihr Partner einnimmt, die Situation, in der er sich befindet, sowie das Ziel, das Sie verfolgen. Er könnte zum Beispiel Chef eines Unternehmens sein, der Ihre Dienstleistung bisher von einem Wettbewerber bezieht und im Grunde nicht wechseln möchte. Und Sie möchten einen Telefontermin mit ihm vereinbaren.
4. Denken Sie sich immer zwei Situationen aus – eine, die Sie als besonders leicht empfinden, und eine, die Sie vor eine echte Herausforderung stellt.
5. Versuchen Sie, Ihr Ziel zu erreichen.
6. Lassen Sie sich hinterher Feedback geben.

Wichtig: Wenn Sie mit Kollegen oder Freunden üben, bleiben Sie beide unbedingt diszipliniert und bis zum Ende des Gesprächs in der Rolle. Kommentieren Sie nicht zwischendurch und steigen Sie auf keinen Fall aus. Sonst bringt das Üben nichts.

Notizen

Übung 12: Das Wasserglas (von Tao-Lehrer Shangshi aus China)

Stellen Sie sich ein Glas Wasser vor, in dem Sand oder Erde das Wasser trüben. Sie sehen eine unklare Brühe, den sprichwörtlichen Sturm im Wasserglas. Das reflektiert die Situation, in der Sie sich befinden, wenn Sie aufgeregt oder nervös sind. Wenn Sie dieses Glas, ganz real oder im Geist, vor sich auf den Tisch stellen, dann trennt sich der Schmutz bzw. der Sand oder die Erde ganz langsam vom klaren Wasser und rieselt zu Boden. Das Wasser kommt zur Ruhe und wird klarer – wie Ihre Gedanken.

Notizen

Übung 13: Das Aquarium

Wenn Sie eine Situation oder einen Menschen als belastend empfinden, wenn Sie Angst davor haben, etwas zu klären oder einen Anruf zu tätigen, dann stellen Sie sich ein Aquarium vor. Wenn Sie eines haben, dann noch besser. Setzen Sie sich tatsächlich oder im Geist vor dieses Aquarium und beobachten Sie, was passiert. Da zieht ein roter Fisch vorbei. Und dann kommt ein gelber. Hinten in der Ecke schwimmt ein großer Fisch, am Grund ein kleiner. Das Aquarium als Assoziation eignet sich so gut, weil Sie dabei wertfrei bleiben. Sie stellen sich ja nicht davor und schreien „Was für ein dämlicher roter Fisch" oder „Dieser gelbe Fisch ist so widerlich". Sie sitzen davor, schauen hinein und werden ganz schnell merken, wie Sie die Situation entspannt und sich Ihre Stimmung neutralisiert.

Notizen

Übung 14: Die Kreativliste

Schreiben Sie sich am besten immer auf, wenn Ihnen etwas Besonderes an Ihrem Kunden auffällt oder wenn Sie selbst etwas Besonderes erleben. Sie müssen das Rad nicht neu erfinden. Es gibt so viele tolle Ansätze, die Sie weiterverfolgen und individualisieren können. Je detaillierter Sie im Vorfeld über Ihre Kunden Notizen gemacht haben, desto individueller können Sie nun kreativ sein. Schöpfen Sie Ihre Möglichkeiten aus. Fangen Sie gleich hier und jetzt damit an und notieren Sie für zwei Ihrer Kunden bestimmte Merkmale wie Essgewohnheiten, Hobbys und so weiter:

Kunde 1

Kunde 2

Übung 15: Der Ritualmord

Anstatt auszuschlafen, stehen Sie einmal um 6 Uhr auf und meditieren ein wenig. Zu esoterisch? Dann gehen Sie eine Runde spazieren und beobachten Sie, wie die Welt um Sie herum aufwacht. Schon bald werden Sie merken, welche Bilder, Geräusche und Düfte Ihnen bisher entgangen sind. Selten einmal befinden sich Stadt und Land so in der Hand der Natur wie an einem Wochenende morgens um 6.

Legen Sie sich abends immer schon Ihre Kleider für den nächsten Tag zurecht? Dann lassen Sie diese Gewohnheit doch einfach einmal eine Woche lang bleiben und entscheiden Sie sich morgens spontan und ganz im Augenblick, wonach Ihnen der Sinn steht. Vielleicht bekommen Sie dadurch ein anderes Körpergefühl, vielleicht wird es morgens auch nur ein bisschen hektischer. Aber je mehr solcher kleiner Ritualmorde Sie begehen, umso mehr ändert sich Ihre ganze Lebens- und Arbeitseinstellung. Sie entdecken neue Perspektiven und Möglichkeiten.

Notizen

Übung 16: Der DVD-Wechsel

Treten Sie in Situationen, in denen sich automatisch Ihr üblicher Film einschaltet, einen Schritt zurück und beobachten Sie die Szene zunächst als neutraler Beobachter. Sobald Ihnen klar ist, welcher Film hier gerade abläuft, machen Sie sich bewusst, dass Sie der Regisseur, der Chef sind, der bestimmt, wie Ihr Film aussehen soll. Dann lassen Sie den Krimi oder was auch immer auf keinen Fall bis zum Ende durchlaufen. Wer der „Mörder" ist, spielt keine Rolle. Versuchen Sie schnell, die DVD zu wechseln!

Und so geht's: Gehen Sie aus der Reaktion in die Aktion und gestalten Sie Ihren eigenen Film mit all dem, was Sie gut können und was Ihnen Spaß macht. Lassen Sie den Hauptdarsteller kundenflüstern und packen Sie Ihre ganzen positiven Seiten mit hinein. Aber nicht flunkern – den Film „Baron Münchhausen" gibt es schon – und da spielt Jan Josef Liefers die Hauptrolle ...

Notizen

Kurzbeschreibung:

1. Erkennen Sie, dass Ihr übliches „Lieblingsdrama" läuft.
2. Stellen Sie sich einen DVD-Player vor, in dem diese DVD liegt.
3. Drücken Sie – gedanklich – die Stopptaste.
4. Stellen Sie sich vor, wie Sie die DVD rausholen.
5. Legen Sie eine neue DVD mit Ihrem eigenen positiven Film ein.

Quellenangaben

Babauta, Leo 2009 *Weniger bringt mehr. Die Kunst, sich auf das Wesentliche zu beschränken*. München, Riemann Verlag

Hay, Louise „*Mirror Work*“
https://www.youtube.com/watch?v=VZFcN5qB8yM

Marketing Börse (2013) http://www.marketing-boerse.de/Fachartikel/details/1338-Ueber-13000-Werbebotschaften-bombardieren-uns-taeglich-Was-bleibt/44276

McGonigal, Jane http://www.ted.com/talks/jane_mcgonigal_the_game_that_can_give_you_10_extra_years_of_life

Springer Gabler Verlag (Hrsg.) Gabler Wirtschaftslexikon, Stichwort: Hard Selling, online im Internet: http://wirtschaftslexikon.gabler.de/Archiv/6619/hard-selling-v10.html

Springer Gabler Verlag (Hrsg.) Gabler Wirtschaftslexikon, Stichwort: Soft Selling, online im Internet: http://wirtschaftslexikon.gabler.de/Archiv/82198/soft-selling-v8.html

Süddeutsche Zeitung (April 2015) http://www.sueddeutsche.de/karriere/fuehrungskraefte-ohne-maske-1.2419589)

Statistista (2015) http://de.statista.com/statistik/daten/studie/392576/umfrage/anzahl-der-versendeten-e-mails-in-deutschland-pro-jahr/

Stichwortverzeichnis

Danksagung

Ich möchte mich von ganzem Herzen bedanken bei Ihnen, den Lesern, die sich für mein erstes Buch entschieden haben, und bei meinen wunderbaren Trainings- und Coachingkunden, mit denen ich all das, was Sie lesen, gefunden, erfunden und ausprobiert, dann angewendet und als gut befunden habe. Ich möchte mich bedanken beim Leben, das mir die Situationen und Herausforderungen vor die Füße spülte, bei meiner wunderbaren, geliebten Mutter, die die Anfänge dieses Buches noch miterleben durfte (du wohnst in meinem Herzen) und bei Bettina Lehmann, die 2009 mit mir die Idee des Kundenflüsterns in Vortragsform gegossen hat, die mich so viele Jahre kennt und der es gelungen ist, meine Gedanken und Aussagen aufzunehmen und bei der Formfindung zu helfen (Danke dir von ganzem Herzen).

Weiter gilt mein Dank Mona Schnell, die mit ihrem Scharfsinn und Talent meine Idee zum Buch unterstützt und mich aufgefordert hat „Ilona, du musst ein Buch schreiben" („Puh!", habe ich gedacht, „wenn das mal so einfach wäre ..."). Sie hat mir freundlich in den Hintern getreten und mir sehr geholfen. Ebenso wie Monika Stolina-Wolf, die mit Spürsinn und genauem Hinschauen den Feinschliff in Kooperation mit Mona sowie die Korrekturen als freie Lektorin umgesetzt hat.

Ich möchte mich außerdem bedanken bei Sabine Asgodom, deren Buchseminar mir die ersten Schritte aufgezeigt hat, bei Cornelia Linder und Veit Lindau mit „Think Big für Autoren" (Hier ist 2014 der erste Schritt fürs Exposé entstanden), Martin Schidlo, der mich auf den Gabal-Messestand geschubst hat, damit ich meine Buchidee vortrage, sowie bei Frau Rosengart und Frau Flockenhaus vom Gabal Verlag, die mein Exposé nach einigem Überbürsten annahmen und mir als Neuautorin ihr Vertrauen schenkten. Nicht zuletzt danke ich Leander Lenz, meinem Grafiker, Hans J. Brehm, dem Illustrator, Rainer Bachl, der mich in Internetfragen unterstützt.

Ohne euch alle wäre ich nicht da, wo ich bin, und das Buch sowie das passende Onlineseminar „Der Kundenflüsterer" hätten nicht entstehen können.

Ilona Lindenau

Informationen zu den Unterstützerinnen und Unterstützern des vorliegenden Buches „Der Kundenflüsterer"

Mona Schnell
Sie ist Journalistin, Autorin, Kommunikationsmanagerin und meine „PR-Dame". Sie arbeitet mit Musikern, Comedians, Autoren, Speakern und Trainern.
www.monapr.de

Monika Stolina-Wolf
Sie ist Autorencoach, freie Lektorin (unter anderem seit 10 Jahren für DUDEN), Muse, Verlegerin, Autorin und Trainerin. Sie hat über 300 Publikationen namhafter Autoren und Verlage betreut, darunter auch zwei Bestseller.
www.SONNENTOCHTERedition.de

Bettina Lehmann
Sie ist die Frau, die mir 2009 ihr Ohr lieh, als ich den Vortrag „Der Kundenflüsterer" entwickelt habe. Sie ist eine hervorragende Konzeptioniererin und Texterin.
www.projekt51.de

Hans J. Brehm
Die wunderbaren Zeichnungen für dieses Buch stammen von ihm. „Ein Bild sagt vielleicht mehr als 1000 Worte." Aber schöner ist es, wenn die beiden miteinander reden. Hans J. Brehm formt Ideen zu Bildern und Filmen für Dax-Konzerne und Start-ups, Kommunikatoren und Konzeptschmieden. Das macht er erfolgreich seit vielen Jahren und bewegt sich dabei analog und digital leichtfüßig zwischen kulturellen und kommerziellen Welten.
www.epict.de

Stefan Frey
Er ist Qigong- und Taijiquan-Lehrer und der Trainer, der mit mir „Im Baum stehen" übt.
www.taozentrum-frankfurt.de

Über die Autorin

Ilona Lindenau ist Unternehmerin, Trainerin, Coach und Rednerin. Seit 25 Jahren berät und repräsentiert sie international und branchenübergreifend Unternehmen in Sachen kunden- und lösungsorientierte Kommunikation. Ihr Fokus: Klarheit und Effizienz, Präsentation und Motivation. Sie leitet die „Life & Business Coaching Academy Frankfurt" und das Online-Weiterbildungsunternehmen „Onlife-Classes.academy".

In bislang mehreren Tausend Seminaren und Vorträgen vermittelt Ilona Lindenau ihren Klienten profundes Wissen aus der Praxis für die Praxis zu den Themen Zielerreichung und Erfolgssteigerung. Ihre Kunden schätzen ihren lebendigen Stil, ihre Kompetenz, ihr Know-how gepaart mit persönlichem Engagement. Sie zählt zu den inspirierendsten Rednerinnen Deutschlands und wurde 2013 zum „emotion Coach" gekürt.

Aktuelle Vorträge von und mit Ilona Lindenau:

„Der Kundenflüsterer. Motivierende Kommunikation für gelungene Geschäftsbeziehungen“
Mit Emotionen verkaufen. Mit Kunden „flirten“. Durch lebendige Kommunikation das Herz der Kunden gewinnen. Wie aus Kundenkontakten langfristige Kundenbeziehungen werden, zeigt dieser packende Vortrag über erfolgreiche und motivierende Kundenkommunikation.

„The Power of Words. Erfolgsfaktor Nr. 1“
Wie Sie durch die Magie der Worte die Selbstmotivation erhöhen, die Kommunikation im Team verbessern und dadurch mehr Selbstbewusstsein und Erfolg erzielen.

„Bringen Sie Ihre Persönlichkeit zum Leuchten!“
Schluss mit negativem Self Talk, Selbstblockaden und Kopfkino der lähmenden Art! Mit vielen konkreten Tipps für Alltag und Beruf zeigt Ihnen dieser Vortrag, wie Sie Ihre Persönlichkeit nach innen wie nach außen zum Leuchten bringen und Ihrem Auftritt mehr Strahlkraft verleihen.

„Auf den Punkt. Mehr Klarheit und Effizienz mit motivierender Kommunikation“
Kundengespräche, Mitarbeiterbriefings, Meetings, Vorträge, Präsentationen ... auf den Punkt und ohne viel Zeit und Informationsverluste. Schön, wenn man es beherrscht und weiß, wie es funktioniert.

„Ent-falten! Im Alter liegt die Kraft. Motivierende Kommunikation mit sich selbst – auch mit 45+“
In Ihrem Alter liegt die Kraft. Ihre innere Einstellung ist gefragt. Wir werden vermutlich alle über 90! Wollen wir etwa mit 45 schon Pause machen? Früh in Rente gehen? Das ist Illusion. Das Gegenprogramm der Rednerin Ilona Lindenau: „Endlich älter!“-Optimismus.

Aktuelle Seminare von und mit Ilona Lindenau:

„Der Kundenflüsterer". Motivierende Kommunikation für gelungene Geschäftsbeziehungen"

Das, was Menschen seit Jahrtausenden einander nähergebracht hat, wirkt auch im 21. Jahrhundert. Ob Business oder Privatleben, Kunde, Freunde oder Partner: Menschen genießen es, umworben zu werden. Ein Lächeln kann Berge versetzen – und Türen zum Herzen öffnen. Kein Zufall ist es, dass starke, erfolgreiche Marken enorme Marketingbudgets in „Emotionen" investieren. In diesem Kommunikationsseminar verrät Ihnen Ilona Lindenau die Geheimnisse des Kundenflüsterns – mit praxisnahen Tipps und kreativen Ideen.

„Auf den Punkt. Mit Klarheit und Effizienz zum Ziel"

Lebendig, wach und offen für neue Impulse, so entstehen Gespräche, die zum Erfolg und zum besseren Verständnis führen können. Wie belebend Neugier, Empathie und Humor wirken können und welche überraschenden Effekte sich mit einfachen Mitteln erzielen lassen, das erläutert Ilona Lindenau an zahlreichen, anschaulichen Beispielen aus ihrer langjährigen Praxis als Moderatorin und Trainerin.

„Auftritt. Wirkung. Persönlichkeit."

Fit für Meetings, Vorträge, Präsentationen und Business Talks; Moderationstraining, Präsentationstraining, Auftritt und Wirkung. Bringen Sie Ihre Persönlichkeit zum Leuchten und werden Sie fit für Business Talks und Präsentationen.

Coaching und Coachingausbildung:

Als Business Coach unterstützt Ilona Lindenau Menschen darin ihre Ziele zu erreichen und Lösungen für aktuelle Herausforderungen zu finden. Siehe auch www.businesscoaching.com.de. Sie leitet die Life & Business Coaching Academy, wo sie Coachingausbildungen anbietet: International Life & Business Coach IHK und International Business Coach. Siehe auch www.coachingausbildung.academy.

Zusätzliches Material zum Buch wie Podcasts, Merksätze und den Kundenflüsterer-Test finden Sie auf:
www.ilonalindenau.de/kundenfluesterer

Kontakt mit Ilona Lindenau können Sie hier aufnehmen:
kundenfluesterer@ilonalindenau.de

Das Onlineseminar passend zu diesem Buch finden Sie auf:
www.onlifeclasses.academy

Als Leser erhalten Sie einen Gutschein für das Seminar. Geben Sie im Falle eines Kaufs folgenden Code ein: DankanDieLeser (bitte achten Sie auf Groß- und Kleinschreibung bei der Eingabe des Codes).